科学大讲堂

趣味科学大联盟

有趣得
让人睡不着的数学

【日】樱井进（桜井進） 著

陈晓丹 译

U0202660

人民邮电出版社

北京

图书在版编目（ＣＩＰ）数据

有趣得让人睡不着的数学 /（日）櫻井进著；陈晓丹译. -- 北京：人民邮电出版社，2012.9（2024.2重印）
（趣味科学大联盟）
ISBN 978-7-115-28858-5

Ⅰ. ①有… Ⅱ. ①樱… ②陈… Ⅲ. ①数学—普及读物 Ⅳ. ①01-49

中国版本图书馆CIP数据核字(2012)第146172号

版权声明

趣味科学大联盟
有趣得让人睡不着的数学

◆ 著　　　［日］櫻井进（桜井 進）
　　译　　　陈晓丹
　　责任编辑　韦　毅

◆ 人民邮电出版社出版发行　　北京市丰台区成寿寺路 11 号
　邮编　100164　　电子邮件　315@ptpress.com.cn
　网址　https://www.ptpress.com.cn
　涿州市般润文化传播有限公司印刷

◆ 开本：880×1230　1/32
　印张：4.625　　　　　　　　　2012 年 9 月第 1 版
　字数：103 千字　　　　　　　2024 年 2 月河北第 47 次印刷
　　　　著作权合同登记号　图字：01-2011-7970 号
　　　　　　ISBN 978-7-115-28858-5

定价：25.00 元

读者服务热线：(010)81055410　印装质量热线：(010)81055316
反盗版热线：(010)81055315
广告经营许可证：京东市监广登字 20170147 号

内容提要

关于数学，有很多没有写在教科书里面的、令人惊讶的故事。它在我们常用的复印纸上，在下水道的井盖上，在最时尚的 iPod 上，在日常使用的信用卡上，它在我们的生活中无所不在。我们是如何与这些"数"偶遇的？数学家们又是如何发掘这个奇妙的世界的？

本书作者是日本畅销书作者樱井进，他带着我们在"＝"的铁轨上，搭乘算式的列车，奔驰在数学的世界里！只要你有一颗认真看待数字的心，你就会听到世界上最美、最有趣的数学故事，看到过去美好的历史，还能寻找到别人尚未发现的风景！

前　言

大家请看本书封面上所描绘的图案。

这个图案是以"平面绘制的地图，只需要用 4 种颜色就能将它区分开吗"这样的所谓四色问题为主题而画的。自从 19 世纪中叶四色问题被提出来以后，很多数学家为之付出了努力，直到 1976 年它才由哈肯（Wolfgang Haken）和阿佩尔（Kenneth Appel）以及科赫（J. Koch）等人所解决，这是一个有名的被称为"四色定理"的数学问题［注 1］。

数学正是这样，即使是谁都能理解的简单问题，可能也要花费很长的时间才能得到解决。谁也不会想到，在我们小时玩的给地图上色的游戏中，竟然隐藏着如此艰深的数学问题。

就像四色问题那样，数学有趣的地方真是无处不在。让我们合上教科书，离开挂着黑板的教室，来重新领略一下数学的风景吧。

$\sqrt{\ }$ 就在樱花的花瓣里……

因式分解就在信用卡里……

还有，无限就在圆中隐藏。

就在我们不经意之处，数字表现着美，演奏着和谐的旋律，它简直就像荒野中盛开的一束鲜花那样美丽。

一旦我们看到数字所演绎的优雅舞蹈，听到那流淌的和谐优美的旋律，一瞬间我们的心灵就会被它们所俘虏吧。

被称为数学家的人们，正是这样的 "俘虏"，他们忘我地沉迷于奇妙的数学世界中。让我们大家也来一窥究竟吧。

关于数学，有很多没有写在教科书里面的、令人惊讶的故事。让我们去发掘身边事物中隐藏的数学的历史，发现数学家们对此进行的挑战吧。我想这一定是一个令人兴奋不已、心跳加快的过程。

这就是与本书的相遇。

数学家们就是这样的人。他们彻夜工作，连自己的一生都觉得太短暂，不知疲倦地在数学的世界里探险，直到把自己手中算式的接力棒传到后世的数学家手中为止。

数学是旅程。

算式的列车在 "=（等号）"这个轨道上飞奔。

这就是我对数学的印象。数字们一直在等待着。而数学家们要花很长的时间才能找到它们。

我们可以把计算看作这趟列车之旅本身。"=（等号）"就像两根铁轨，数字和算式被铁轨连接在一起。这些铁路被铺好以后，谁都可以通过，它们会永远保持着不朽的生命。

精挑细选的数学风景就散落在这本书里。我喜欢列车之旅，一边感受着从窗口吹来的清风，一边眺望远方的风景，是我最喜欢的事情。如果我们想踏上计算的旅行，只要拥有一颗认真看待数字的心就可以了。有了这颗心，无论何时何地，我这个科学向导都可以带你走入数学之旅。

在这趟旅程结束以后，大家心里面的数学到底会变成怎样的风景呢？ 我们就要开始这趟不知道方向的神秘列车之旅了。我希望给大家带来一段安全、舒适、心旷神怡的美妙旅程。

注　释

　　[注1] 四色问题，又称四色猜想，是世界近代三大数学难题之一。最先是由一位叫古德里（Francis Guthrie）的英国大学生提出来的。德·摩尔根（Augustus De Morgan）1852 年 10 月 23 日致哈密顿（William Rowan Hamilton）的一封信提供了有关四色定理来源的最原始的记载。它的内容是："任何一张地图只用 4 种颜色就能使具有共同边界的国家和地区着上不同的颜色。"用数学语言表示，即"将平面任意地细分为不相重叠的区域，每一个区域总可以用 1、2、3、4 这 4 个数字之一来标记，而不会使相邻的两个区域得到相同的数字。"1976 年，美国数学家阿佩尔（Kenneth Appel）与哈肯（Wolfgang Haken）在美国伊利诺伊大学的两台不同的电子计算机上，用了 1 200 个小时，做了 100 亿次判断，终于完成了四色定理的证明。

目　录

第一部分

有趣得让人睡不着的数学

美丽文字的故事

在课堂上所不传授的

数学是语言。

看看学生的笔记本，一直有着让人很在意的事情。

那就是，有很多学生不会正确地书写在数学算式中所使用的希腊字母"β（贝塔）"。学生们本来是想写"β"，但是却把它写成了汉字的"左耳朵"偏旁或"右耳朵"偏旁。

也就是说写"阿部"君[注1]这个名字就相当于写了两次错误的"贝塔"。我每年都会发现用这个"阿部"君的方式来表现"贝塔"的学生，并不断地为他们指出这个错误。不知从什么时候起，这个错误的"贝塔"就被称为"阿部君贝塔"，并简称为"阿贝塔"。

日本的学校是如何对此进行指导的呢？在希腊字母频繁登场的高中数学课上，我们也从来没有听说过讲授"希腊文字的拼读方法"的事情。到现在为止，我自己在学校里也没有接触过有关"数学的文字"之类的讲义。

注1 "阿部"是日本常见的姓氏，而阿部二字中既有"左耳朵"偏旁又有"右耳朵"偏旁，故作者在此用"阿部"来调侃以"左耳朵"偏旁或"右耳朵"偏旁书写"贝塔"的这种情况。

好像会读又读不出来的希腊文字

◆数学算式中经常使用的希腊字母

α（阿尔法）	**β**（贝塔）	**γ**（伽马）	**θ**（西塔）
π（派）	**ω**（欧米伽）	**Σ**（西格马）	

你能把这些希腊字母全部正确地读出来吗？

在大学考试题里会出现希腊文字，在数学方面主要是 α、β、γ、θ、π、ω、Σ 等。

希腊字母，包括大写字母和小写字母，共计有 48 个，但在数学中经常使用的只有其中的 1/7 左右。到目前为止从未学习过（也就是说从未正式教过）的希腊字母，突然出现在数学的教科书里，却没有做出任何说明。因此，学生们在抄写板书时，对于如何书写，自然会感到非常迷惑，于是只有照葫芦画瓢地来写希腊字母了。由此，也就产生了类似"阿贝塔"这样的错误。

也正是基于这个原因，我找到机会，开始开设包括希腊字母在内的、数学特有文字方面的讲座。

书写文字是掌握一门学问的开始。通过书写文字，可以进入一个崭新的世界。数学就是一种需要使用很多种文字的学问。罗马字母、希腊字母、阿拉伯数字、罗马数字，这些字母，有的是大写，有的是小写，有的是斜体，有的是粗体……即使这样还不够，甚至希伯来文也都来凑热闹了。再加上各种数学符号，究竟数学需要使用多少文字和符号啊！

苹果和蜜柑，不可思议地变成了 x

数学会对概念和对象进行抽象。苹果或蜜柑的个数用 x 等字母来表示，然后就可以用 $x + y = z$ 这样的方程式来表达了。在解方程式的时候，我们会忘记苹果或者蜜柑，而是操作文字和符号。换而言之，这就是计算。

在计算的世界里，文字和符号是主角。进行计算的人是通过文字和符号来与看不见的世界进行沟通的。所谓看不见的世界，就是文字和符号所表达的概念，以及和这些概念之间所具有的关联性。

毕达哥拉斯定理[注2] $a^2 + b^2 = c^2$，表现的是几何学世界中直角三角形的边长之间的关系。这个公式像栈桥一样连通了代数世界和几何世界。

我在大学学习数论[注3]时，曾遇到了"泽塔（ζ）函数"。尽管我在听课时非常努力地进行计算，但还是对它提不起兴趣。这是因为不能很好地写出 ζ 的缘故。下课后教室里没人，我在黑板上试着写下大大的 ζ。

写了很多次以后，我逐渐可以很好地、流利地写出 ζ 了。当我可以轻松愉快地写出 ζ 的时候，对麻烦复杂的计算也有兴趣了，心情也变得愉快起来。

注 2　就是初中几何课本上的"勾股定理"。西方认为是古希腊数学家毕达哥拉斯（Pythagoras）首先发现和证明的，据说他成功之际就斩了百头牛来庆祝，故又称"百牛定理"。在我国现存最早的一部数学典籍《周髀算经》中，就有勾股定理的公式与证明，相传是在商代由商高发现，故又称之为"商高定理"。

注 3　数论是研究整数性质的一门理论，其历史与平面几何一样悠久，高斯誉之为"数学中的皇冠"。

美丽的数学，要配合美丽的文字

我切实感受到了能够书写好文字的重要性。我与"书写的喜悦"不期而遇了。同时，我还注意到一件事情。

"美丽的数学，要搭配美丽的文字。"希腊文字里有一种不可言喻的曲线美。

罗马字和希腊字，由于笔画少，因此很容易书写。希腊文字的小写字母，大多数只要一笔就可以完成。可以说它们是兼备曲线美和机能美这两种美的文字，也因此一直被数学家们所喜爱，并且使用至今。

另外，数学有其他学科所没有的一个很大的特征，这就是超越时代的普遍性。"毕达哥拉斯定理"证明于距今 2 500 年前，但是就是在 2 500 年后的今天它也没有老朽过时。并且，在"毕达哥拉斯定理"的基础上，很多定理被发掘出来。我们通过希腊文字和毕达哥拉斯相遇了。这也是"书写喜悦"的发现啊。

希腊文字也要重视笔顺

日本人从小就通过"书道"感受和了解到书写日文的喜悦和日本文字之美，而且理解了笔顺对于写字是非常重要的（对于中文来说，也是如此——译者注）。

◆ **请以正确的笔顺书写**

请按箭头所示的方向，描写 β

> 希腊文字字形非常优美

　　和日语一样，希腊文字如果遵守笔顺来书写的话，也会保持美丽的形态。比如 β 如果是从左下向上一笔写成的话，就会形成非常优美的形状。我经常会一边教授学生书写方法，一边这么说："请用自己的心去书写文字。请用自己的心去计算。祝你写出美丽的文字！"

　　重视文字的心，是让语言变成自己的东西的第一步。如果说数学也是一种语言的话，那么我们不是也应该重视它的文字吗！

◆ **希腊字母一览表**

希腊大写字母	希腊小写字母	中文注音	英语拼写
A	α	阿尔法	alpha
B	β	贝塔	beta
Γ	γ	伽马	gamma
Δ	δ	德尔塔	delta

（续表）

希腊大写字母	希腊小写字母	中文注音	英语拼写
E	ε	伊普西龙	epsilon
Z	ζ	泽塔	zeta
H	η	艾塔	eta
Θ	θ	西塔	theta
I	ι	约塔	iota
K	κ	卡帕	kappa
Λ	λ	兰布达	lambda
M	μ	缪	mu
N	ν	纽	nu
Ξ	ξ	克西	xi
O	o	奥密克戎	omicron
Π	π	派	pi
P	ρ	肉	rho
Σ	σ	西格马	sigma
T	τ	套	tau
Υ	υ	宇普西龙	upsilon
Φ	ϕ	佛爱	phi
X	χ	西	chi
Ψ	ψ	普西	psi
Ω	ω	欧米伽	omega

希腊大写字母与小写字母的外形还真的非常不一样啊！

数学家的浪漫名言

数学只是理科吗?

"读书、写字、打算盘"是一个社会人所必需的基本文化知识。众所周知,读书和写字是语文的能力,打算盘代表的是算术的能力。

数学是理科。对这点提出异议的人恐怕很少。

日本的教育把算术和数学的本质看作计算,彻底的计算,把计算作为一种技术来训练学生。在这种一味的、不断重复的计算之下,"讨厌算术和数学"的人数也就不断增加。数学太难了,因此,放弃理科,转而把志愿投向文科的事情不绝于耳。

而且,在大学里面,数学的定位是一门为了支撑"制造生产"的工科而存在的学科。由于这个原因,与"制造生产"没有关系的文科的学生,才会产生"学数学是不必要的"这样的想法吧。

这样的想法真的正确吗?

"读书、写字、打算盘"这句话的本意,难道不是"理解算术和数学,像理解语文一样重要"吗?

数学家在表现美

可以说,数学是人类创造出的最伟大的语言,是连自然的美和宇宙的和谐都可以表现的语言。数学这种语言能让人体验到理解宇宙的感动。比如，日本的松尾芭蕉[注4]以俳句[注5]的"五·七·五"的形式，绝妙地表现了自然之美。俳句表现了其本身的目的和喜悦。数学也是如此。

下面介绍一些大家所喜欢的、有关数学的名家名言。

不了解数学的人，很难捕捉到真正的、深沉的、自然的美。

理查德·费曼[注6]

现代数学是未来的语言。

范·富特

我们真正的天职是诗人。但是，自由地创造出事物后必须要进行严密的证明，这就是我们的宿命。

克罗内克[注7]

如果数学里没有美的话，恐怕数学这个东西就不会产生了吧。人类最优秀的天才们之所以被这种艰难的学问所吸引，除了美的力量之外还会有什么呢？

柴可夫斯基[注8]

注4　松尾芭蕉（1644—1694），号称日本俳圣，三大古典俳人之首（另外是与谢芜村和小林一茶），江户时代的俳句大师，其最大的贡献是将原先喜剧形式的俳谐的第一节，发展为明治时代的诗人正冈子规（1867—1902）称之为"俳句"的新诗体。

注5　俳句是日本的一种古典短诗，由17字音组成。它源于日本的连歌及俳谐两种诗歌形式。日本俳句比短歌要短，它分别由5、7、5个音节的句子组成。在俳句中，诗人力图运用优美而朴素的语言来描绘自然，以表达其深切的感情。

注6　理查德·费曼（Richard Feynman，1918—1988），美国著名的物理学家，1965年诺贝尔物理奖得主，提出了费曼图、费曼规则和重正化的计算方法，是研究量子电动力学和粒子物理学不可或缺的工具。

注7　利奥波德·克罗内克（Leopold Kronecker，1823—1891），德国数学家与逻辑学家，对代数和代数数论，特别是椭圆函数理论有突出贡献。

注8　彼得·伊里奇·柴可夫斯基（Pyotr Ilyich Tchaikovsky，1840—1893），俄国浪漫乐派作曲家，莫斯科音乐学院教授，俄国民族乐派的代表人物，人们常把柴可夫斯基的3部芭蕾舞剧《睡美人》《天鹅湖》《胡桃夹子》视为经典之作，至今盛演不衰。

如果客观地来思考数学，它不仅拥有真理，而且美丽非凡——具有冷静的、严肃的美。它既不是一种样脆弱的工具，也不像绘画和音乐那样是一种华丽的东西。但是，它崇高、纯粹，以及严格而完整，是唯一的艺术。（阅读此段数学名言时，如果联想到在数学的教学中，往往只是把数学当作一种工具，而没有看到数学也有其生活化的一面，从而导致学生对于数学失去兴趣的情况，那么就会对这段名言的内在含义有更深切的体会——译者注）

伯特兰·罗素[注9]

数学被认为是弥补我们不完整的感觉，或是弥补因生命的短暂而被唤醒的人类精神力量。

傅里叶[注10]

数学是为了人类精神的荣誉而存在的。

雅可比[注11]

大家觉得怎么样？

数学作为艺术的姿态被精彩地表现出来了。这说明我们从事数学工作，会产生喜悦感，这本身是很有意义的事。

注9　伯特兰·罗素（Bertrand Russell，1872—1970），20 世纪最有影响力的哲学家、数学家和逻辑学家之一，1950 年的诺贝尔文学奖得主，同时也是活跃的政治活动家，并致力于哲学的大众化、普及化。

注 10　约瑟夫·傅里叶（Joseph Fourier，1768—1830），法国数学家、物理学家，提出傅里叶级数，并将其应用于热传导理论上，傅里叶变换也以他的名字命名。

注 11　卡尔·雅可比（Carl Gustav Jacob Jacobi，1804—1851），德国数学家，在柯尼斯堡大学任教 18 年，同天文学家、数学家贝塞尔、物理学家诺伊曼三人一道成为复兴德国数学的核心。

日本人热爱自己独有的数学——"和算"

曾经，日本人体会过"数学的喜悦"。在江户时代[注12]，锁国下的日本，发展出了日本独有的数学——"和算"[注13]。这是一种和欧洲数学完全不同的，并且达到过世界最高水平的、日本独有的数学。

和算家关孝和[注14]，与牛顿[注15]、莱布尼茨[注16]基本活跃在同一时期，曾经不断地创造出自己独创的数学解法。另外，作为寺子屋[注17]的教科书，数学著作《尘劫记》[注18]（吉田光由著）在当时

注12 江户时代，又称德川时代，是指由江户幕府（德川幕府）所统治日本的时代，从庆长八年二月十二日（1603年3月24日）德川家康被委任为征夷大将军，在江户（现在的东京）开设幕府开始，到庆应三年十月十四日（1867年11月15日）大政奉还，共264年。

注13 和算，日本传统数学，按狭义的理解，17世纪至19世纪中叶两百余年间，是和算的兴盛时期，和算即是专指这一时期（江户时代）的日本数学。

注14 关孝和（1642—1708），又名新助，字子豹，号自由亭，是日本江户时代的和算家，在日本数学史上有重要地位，是数学流派"关流"的开山鼻祖，被日本人称为"算圣"。

注15 艾萨克·牛顿爵士（Sir Isaac Newton FRS，1642—1727），物理学家、数学家、科学家和哲学家。他在1687年7月5日发表的《自然哲学的数学原理》里提出的万有引力定律以及他的牛顿运动定律是经典力学的基石。牛顿还和莱布尼茨各自独立地发明了微积分。他被公认为人类历史上最伟大、最有影响力的科学家之一。

注16 戈特弗里德·威廉·莱布尼茨（Gottfried Wilhelm Leibniz，1646—1716），德国哲学家、数学家、科学家、外交家、著述家，涉及的领域有法学、力学、光学、语言学等40多个范畴，被誉为17世纪的亚里士多德。

注17 寺子屋，又称寺小屋，日本江户时代让平民百姓子弟接受教育的民间教育设施，起源于日本中世纪的寺院教育，后逐渐脱离寺院，推广至日本各地。明治维新之时，日本的识字率在世界上首屈一指，其中寺子屋功不可没。

注18 《尘劫记》，日本和算的重要著作，共3卷，书名取自《法华经》的"尘点劫"，是和算家吉田光由（1598—1673）以中国元代朱世杰《算学启蒙》和中国明代程大位《算法统宗》为基础撰写而成的，深受读者欢迎，使得珠算术在日本迅速普及。

要远远领先于人气作家井原西鹤[注19]或十返舍一九[注20]的作品而成为最畅销的书籍。

当时，提出的问题和给出的解答，被写在称作"算额"[注21]的绘马[注22]上，供奉在神社寺庙里面。这种风俗被称为"算额供奉"。

江户时代繁盛一时的、日本独有的"和算"，虽然在明治时代让位于输入日本的欧洲数学，但是正是因为有以关孝和为代表的和算家所建立起来的基础，欧洲数学才能够得以广泛普及。

诺贝尔物理奖得主、著名的宇宙物理学家弗里曼·戴森[注23]对于"和算"的独创性和丰富性曾有过这样的评论："在完全与欧洲的影响切断的时代，和算爱好者们创造了应该说是艺术和几何学联姻的'算额'。这是世界上独一无二的。"

现在，我对"和算"持有强烈的关心。

传递"和算"的魅力，在现代日本如何复兴江户时代的"读书、写字、打算盘"的盛况，是我一直在摸索的事情。

注19　井原西鹤（1642—1693），日本江户时代杰出小说家、俳谐诗人，"浮世草子"（社会小说）的开端人。

注20　十返舍一九（1765—1831），本名重田贞一，日本江户时代作家，被称为日本滑稽小说两大作家之一，开创了旅行记这一文学样式，其影响一直延续到明治初年。

注21　算额是悬挂在神社、寺庙廊檐，记录数学问题的木制匾额，它既是日本人宗教信仰中向神佛祈愿的物品，也是一种特殊类型的数学传播载体，是日本数学史上独特的文化现象。

注22　绘马是悬挂在神社、庙宇廊檐下的木制彩色匾额，也就是向神或佛祈愿或者感谢神佛使自己祈愿实现，作为证据、有关书写愿望的木板画，供奉在神社或庙宇中。这一活动叫"奉揭绘马"，或者叫"奉纳绘马"。在江户时代出现了各种学问性的特殊绘马，如歌仙绘、艺能绘等。和算绘马就是这种特殊的学问绘马，称作"算额"。

注23　弗里曼·戴森（Freeman Dyson，1923—），美籍英裔数学家和物理学家，普林斯顿高等研究院教授。他证明了施温格和朝永振一郎发展的变分法方法和费曼的路径积分法的等价性，为量子电动力学的建立做出了决定性的贡献。

屁的气味，哪怕只有一半，也还是臭的？

令人讨厌的气味，即使减少也……

我们每个人都是靠感觉来进行日常生活的。说到五感，指的是视觉、听觉、味觉、嗅觉和触觉。实际上在这些感觉中，存在着法则。例如让我们来考虑一下"气味"的情况。

在封闭的屋子里有令人讨厌的气味，或者是放屁的气味，我们用消臭剂或者空气清新剂将气味减轻了一半。但是我们并不会感觉"啊，气味变了一半了"。我们会觉得"基本没怎么变嘛"或"还是有气味啊"。实际上如果想要感觉到"啊，气味变了一半了"，必须要将气味的90%都消除掉才可以。

声音也是这样。我们会对虫子的声音和音乐会的大音量产生同样的听感。认真思考一下的话，这是一件很有趣的现象。

如果人类可以感觉音量的绝对值的话，那么虫子的声音应该感觉很微小，音乐会的大音量应该感觉很巨大。但是事实上并非如此。

我们会对小的声音和大的声音做出同样的感觉。无论声音大小如何，我们的感觉都是相同的。

假设有能量为10的声音，这个声音的能量要增大到几倍，才能让人们感觉到它的大小变成了原来的两倍呢？

如果是按普通想法来考虑这个问题的话，会认为"不是两倍吗，所以能量不应该是20吗"。但是人的耳朵并没有那么敏感。要让人觉得"变成了两倍"，实际上必须要将声音的大小调到原来的 10 倍，才能够让人感觉到"两倍"。要让人感觉到 4 倍的话，实际上需要增加的倍数是 10×10，即 100 倍的能量才可以。

人的感觉可以定量化

总结一下，可以看出，人类的感觉不是根据加法而是根据乘法来感受事物的，这就是 1860 年的韦伯—费希纳定律[注24]。

◆ 费希纳将人类的感觉公式化了！

韦伯—费希纳定律

如果用 R 来表示感觉强度，用 S 来表示刺激强度的话

则 $R = k \log \dfrac{S}{S_0}$

S_0 是感觉强度变成 0 的刺激强度（阈值）

k 是刺激固有常数（根据感觉的不同而不同）

"感觉强度 R 与刺激强度 S 成对数比关系"。这个发表成为了心理物理学[注25]学科的开端。

心理物理学是从心理学家韦伯[注26]有关"心理学的世界能否

注 24　韦伯—费希纳定律是心理物理学中有关刺激与感觉关系的最基本定律，由德国人费希纳和他的老师韦伯所发现和确定。

注 25　心理物理学是研究心物关系，并使之数量化的一个心理学分支。德国物理学家费希纳发表《心理物理学纲要》一书，创立了心理物理学。他把心理物理学概括为"一门讨论心身的函数关系或相互关系的精密科学"。

注 26　恩斯特·海因里希·韦伯（Ernst Heinrich Weber，1795—1878），德国莱比锡大学的解剖学和生理学教授，以研究触觉而著名，被认为是实验心理学的创始人之一。

定量化？"这一提问开始的。人的感觉这个东西是非常主观性的。

但是，"什么都是主观的"，这样说的话，就成为不了一门学问了，而是成为了艺术世界的东西。为了把这样的、眼睛看不到的、人的感受和感觉定量化，心理学家韦伯在18世纪40年代进行了多种研究。

于是，1860年，物理学家费希纳[注27]成功地将其进行了公式化。它既是心理学的起源，也由此成为了心理物理学的法则。也就是说，我们人类的感觉绝不是含含糊糊的东西，而是可以被定量的。

激烈变化的环境，也就是刺激，实际上正如韦伯—费希纳定律的描述那样，能被人们精确地感觉到。

用因式分解来保护安全

"0"和"1"守卫安全

请回忆在初中和高中数学课上学习过的因式分解。

"这么麻烦的计算，到底有什么用呢"，这么想的一定大有人在吧。实际上这种麻烦的计算会保护我们的安全。

因式分解是被作为网络安全的密码技术来使用的。很久以来，曾经经历了各种各样的尝试和失败而发展起来的密码技术，

注27　古斯塔夫·西奥多·费希纳（Gustav Theodor Fechner，1801—1887），德国著名的物理学家、心理学物理学的创始人。

直到现代才终于借助于数学的力量真正得以实现。

互联网是用网络将计算机互连起来实现的系统。在网络上流动着各种各样的信息。它的本质是电信号，就是只有用电参数变化表示的"开"与"关"的信息。为了使人们容易理解，所以就使用数字"0"和"1"来表现它。

文字、音乐、影像的信息，在计算机网络世界里，全部是由转换成"0"和"1"这样的数字信号来实现的。也可以说，互联网的信息安全就毫无疑问地成为了"数字安全"。这就是数学在网络安全里登场的原因了。

有一种被称为"公开密钥"的密码系统。这种系统的最大关键就在于"因式分解的困难性"。数的因式分解被称为"素数的因式分解"。除了 1 和此整数自身以外，没有别的约数的自然数，就是素数。

2、3、5、7、11……素数是无穷无尽的。对 12 进行因式分解的话，结果是 $2 \times 2 \times 3$，这是很容易就可以明白的；若对 5 893 进行因式分解，虽然不能马上得出答案，但是通过计算的话可以知道是 71×83。

71×83 的计算虽然很简单，但是反过来的因式分解就不是那么简单就能完成的了。即使是使用计算机也不是一件容易的事情，如果计算的是很大的数的因式分解的话，就需要花费天文学级别的时间。

加密的方法

◆ **用因式分解来保护安全**

用数加锁   用素数开锁

$5893 = 71 \times 83$

实际运用时是使用远
比此数大得多的数字

　　"公开密钥"系统，简单地说，就是如下这样的一种系统：在网络上依赖于对方发送情报时，先使用5 893这样的大数（两个素数的积）来进行加密。这个数就被称为"公开密钥"。

　　发送情报的一方使用"公开密钥"5 893对原文（数字）进行加密，然后再将这个加密的文件送给需求方。收到加密文件的需求方，因为知道将5 893进行因式分解的结果是71和83这两个素数，从而可以使用这两个素数对加密文件解密而得到原文。

　　这个过程在互联网上，会有被多数人看到的可能性，但是作为"公开密钥"的5 893，其因式分解也不是那么容易的，因此，想解读它是很困难的。

　　当然，实际运作这个加密系统时，会使用比5 893大得多的数字作为"公开密钥"，来提高安全性。因式分解就是因为它"麻烦"，所以才会对信息安全发挥巨大的作用。在网络浏览器里面，有时候会出现一个"锁形"的印记，这个就是用来表示正在进行加密通信的标志。

如果回顾人类历史的话，公元前 19 世纪，人类就已经使用过密码了。从此以后，密码加密和破解的攻防战就不断地上演，直到今天。

因数分解的加密方法，虽然是优秀的加密体系，但是如果发现了因式分解的解法，那么"公开密钥"系统就会出现破绽。但是我们也不用担心，那个时候又会有新的密码系统登场。以后，数学还会一直对我们的系统安全给予支持。

信用卡的会员号码的秘密

会员号码里面有规律

信用卡的会员号码是 16 位数的。一方面在网上购物时我们会觉得它很方便，另一方面我们也会有所担心。

令人疑惑的是，如果输入了错误的 16 位数号码，是不是会发生利用别人的信用卡号码来购物的情况呢？当然，16 位的数字全部修改的话，确实可能变成别人的号码。这里我们来考虑会员号码的其中一个位数输入错误的问题。

实际上，信用卡的号码是由一种机制决定的：大家被分配到的信用卡号码，实际并不是我们所认为的完全随机的号码，而是根据一定的流程所生成的"合理号码"。

对输入的号码进行是否是"合理号码"的判定方法，被称为"Luhn 算法[注28]"。

注 28　Luhn 算法(Luhn algorithm)，用以鉴别各种身份证号码的简单的校验方法，由 IBM 的科学家 Hans Peter Luhn（德国人，1896—1964）发明，故称为"Luhn 算法"。

◆ 会员号码里的 Luhn 算法

步骤1

从个位数开始数，奇数位的数字保持原样，偶数位的数字变成原来的两倍。

3 4 9 1 的例子

把 3 和 9 取出来
3 → 6
9 → 18

步骤2

变成 2 倍的偶数位数字如果超过 10 的话，将它转换成各个位数数字的和（即转换为 1 位数）。

18 大于 10，
所以 18 → 1 + 8 = 9

步骤3

将以上得到的各个位置的数字全部相加。

所有的数字相加
6 + 4 + 9 + 1 = 20

步骤4

这个"数字之和"如果能被 10 整除的话，就是"合理号码"；如果不能，就被判定为"不合理号码"。

20 能够被 10 整除，
所以是合理号码！

如果错误地输入了会员号码，会怎样?

让我们来看一下具体的计算过程。16 位数过于复杂，所以我们为简单起见，将会员号码简化为 4 位数。例如，会员号码 3 491 输入的时候，从一位数（个位数）开始数，取出偶数位的 9 和 3，将它们各自变成原来的 2 倍，就变成了 18 和 6。

18 大于 10，所以将它替换成 $1 + 8 = 9$。这样一来，各个数位的数字的和就变成了 $6 + 4 + 9 + 1 = 20$，这个数值可以被 10 整除，所以可以判定是"合理号码"。

在这里，我们来看如果 4 位数里面有 1 个位数的数字输入错误的情况。比如会员号码误变为 3 481 的话，会怎么样呢? 在这种情况下，各个位数的数字之和变成了 $6 + 4 + 7 + 1 = 18$，不能够被 10 整除，也就是说被判定为"不合理号码"。无论哪一位数的数字输入错误的话，在这个判断流程下，都会被认定为"不合理号码"。

◆ **为判定合理号码，需要进行一个数位数字的转换**

$0 \times 2 \rightarrow \boxed{0}$	$5 \times 2 \rightarrow 10 \rightarrow 1 + 0 \rightarrow \boxed{1}$
$1 \times 2 \rightarrow \boxed{2}$	$6 \times 2 \rightarrow 12 \rightarrow 1 + 2 \rightarrow \boxed{3}$
$2 \times 2 \rightarrow \boxed{4}$	$7 \times 2 \rightarrow 14 \rightarrow 1 + 4 \rightarrow \boxed{5}$
$3 \times 2 \rightarrow \boxed{6}$	$8 \times 2 \rightarrow 16 \rightarrow 1 + 6 \rightarrow \boxed{7}$
$4 \times 2 \rightarrow \boxed{8}$	$9 \times 2 \rightarrow 18 \rightarrow 1 + 8 \rightarrow \boxed{9}$

能够检测出输入错误的是步骤 1 和步骤 2 的位数数字的转换，这个转换是按照上图所示的情况进行的。从 0 到 9 的 10 个数，每个数字都会被进行转换，变成了另外的 10 个数。

在这个过程中，如果输入错误的话，会导致与第三步的合计值不一致，第四步的时候就会被判定成"不合理号码"。

正是因为信用卡用这样巧妙的方法来分配号码，并且具有检查功能，所以我们才能安心地进行网上购物。

简单计算找零钱的技巧

"计算方法找窍门"的乐趣

大家在买东西被找钱的时候，会不会确认被找的金额是否正确呢？大概不去计算零钱的人比较多吧。因为减法计算确实很麻烦。但是如果稍微找点窍门的话，计算会变得简单起来。窍门就是我们不做减法计算。

来尝试念一下"加起来等于 9"的魔法咒语吧。"加起来等于 9"的魔法咒语就是：除了个位数以外，寻找"加起来等于 9"的数字；而只有个位数是寻找"加起来等于 10"的数字。比如 1 000 − 342 的情况，对于百位数的 3 来说，找"加起来等于 9"的数字是 6；接下来，十位数的 4，"加起来等于 9"的数是 5；个位数的 2，"加起来等于 10"的数字是 8。三个数字连起来就是 658。这个就是答案，也就是 658 元的意思。

◆ "加起来等于9"的魔法咒语

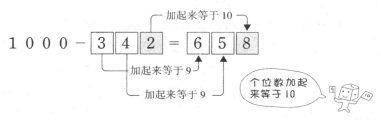

其实就是把 $1\,000-342$，变成 $999-342+1$，来进行计算。个位要加上最后的 1，所以变成了加起来等于 10。不用考虑退位的问题，从百位开始进行加法就可以得到答案了。

如果这样来计算的话，在柜台计算零钱时很快就可以得到答案了。

【超级计算法① 11的乘法】

例题 53×11

第一步：$53 \times 11 = 5 \square 3$，像这样在 5 和 3 之间拉开一个空隙。

第二步：在这个 □ 里面填入 $5+3 = 8$，也就是说答案是 583。

◆ 超级计算法① 11的乘法

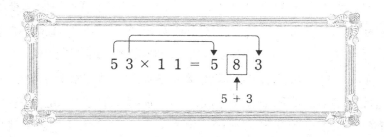

【超级计算法② 11～19数字之间的乘法】

例题 14×12

第一步：答案的前两位数是 $14+2$（12 的个位）$= 16$。

第二步：答案的后一位数是两个数个位的乘积 $4 \times 2 = 8$。

也就是说，答案是 168。

◆超级计算法② 11～19 的乘法

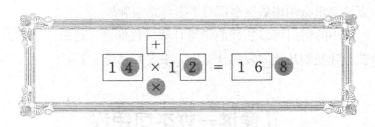

（译者注：如果两个数字的个位相乘得到的是大于 10 的数，比如 14×13，则变为：第一步 14+3（13 的个位）=17；第二步，$4 \times 3 = 12$。

$$\begin{array}{r} 170 \\ +\ 12 \\ \hline 182 \end{array}$$

答案是 182。）

【超级计算法③ 接近 100 的数字之间的乘法】

例题 98×97

第一步：预先记住这两个数与 100 之差。98 和 97 各自是 2 和 3。

第二步：答案的前两位数是 $100 - (2 + 3) = 95$。

第三步：答案的后两位数是由 $2 \times 3 = 6$，得到 06。

也就是说答案是 9 506。

◆超级计算法③ 接近 100 的数字之间的乘法

$$98 \times 97 = (100 - 2) \times (100 - 3)$$
$$= \boxed{95}\ \boxed{06}$$

$$100 - (2 + 3) \quad 2 \times 3$$

大家感想如何。

即使不用笔算，也可以在头脑里让答案直接浮现出来。而谈到乘法计算，虽然我们在学校学习过的竖式的笔算方法，但是这个方法要求必须将数字全部写下来，是很麻烦。

小小的窍门可以让我们觉得计算轻松惬意，这是一个很大的收获。让我们从找零钱的计算里，来实际感受一下吧！

11 像谜一样不可思议

很多 1 排在一起的数字

1、11、111 这样由 1 排在一起构成的自然数，被称为"重一数"（Repunit）[注29]，是一种有些不可思议的数字。让我们试一下用"重一数"乘以"重一数"。

$1 \times 1 = 1$

$11 \times 11 = 121$

$111 \times 111 = 12\ 321$

$1\ 111 \times 1\ 111 = 1\ 234\ 321$

咦，有没有注意到什么？

对了，这些答案的数字简直就像金字塔一样——按顺序，从 1 开始，逐渐增大到其位数的数；而后又从这个数减小逐渐到 1。

注29　Repunit，指由 1 组成的数，如 1、11、111、1 111 等。1966 年美国数学家 A.H. Beiler（贝勒）称这类数为 repunit，表示 repeated unit，故翻译为"循环单位"。也有翻译为"重一数"，译者这里取"重一数"的译法。

如果是这样的话，那么 11 111 × 11 111 的结果也可以预测了。在看下图以前，请用计算器确认一下结果。

◆ 11 有很多有趣的计算

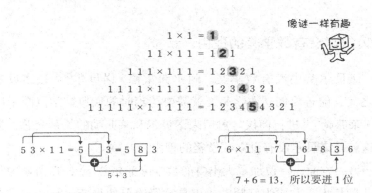

$$1 \times 1 = \mathbf{1}$$
$$11 \times 11 = 1\mathbf{2}1$$
$$111 \times 111 = 12\mathbf{3}21$$
$$1111 \times 1111 = 123\mathbf{4}321$$
$$11111 \times 11111 = 1234\mathbf{5}4321$$

像谜一样有趣

$$53 \times 11 = 5\ \boxed{\ }\ 3 = 5\ \boxed{8}\ 3$$
$$5 + 3$$

$$76 \times 11 = 7\ \boxed{\ }\ 6 = 8\ \boxed{3}\ 6$$
$$7 + 6 = 13，所以要进1位$$

超过 10 位数以后会发生进位，这个规律就不再适用了，但是在 9 位数为止的"重一数"的平方都是符合"123……n……321"的规律的。

如上所述，在数字的世界里面，存在着即使位数很大，也可以根据一定的规则，一瞬间计算出结果的有趣组合。

其他有趣的规律

其实"重一数"还有其他有趣的规律。在前面所述的例子 53 × 11 = 583 里面，把十位数的 5 和个位数的 3 之和 8 放进去的话，就得到了答案。

如果 76 这样的十位数和个位数之和是 10 以上的数的话，大家觉得会变成什么样呢？请试一试吧。

虚幻的诺贝尔奖

诺贝尔奖没有数学奖的理由

诺贝尔奖中没有数学奖。阿尔弗雷德·诺贝尔[注30]是诺贝尔奖之父，他若要创立数学奖，就需要与当时的瑞典数学巨匠米塔格·莱弗勒[注31]进行商议。可后来诺贝尔和莱弗勒的关系交恶，据说这就是诺贝尔没有设立数学奖的理由。

另一方面，一位加拿大出身的数学家菲尔兹[注32]，在留学中与莱弗勒相识，并成为好朋友。正是这段缘分使得菲尔兹燃起了对数学的热情，产生了创立国际数学奖项的梦想。

数学界最高的荣誉"菲尔兹奖"

创立国际数学奖项这个梦想后来由于菲尔兹遭遇病魔侵袭而搁浅。然而，在 1932 年的国际数学家大会[注33]上，菲尔兹的朋友

注30 阿尔弗雷德·诺贝尔（Alfred Bernhard Nobe，1833—1896），瑞典化学家、工程师、发明家、军工装备制造商和硝酸甘油炸药的发明者。他在遗嘱中利用他的巨大财富创立了诺贝尔奖，各种诺贝尔奖项均以他的名字命名。

注31 马格努斯·古斯塔夫·米塔格-莱弗勒（Magnus Gustaf Mittag-Leffler，1846—1927），19 世纪末 20 世纪初瑞典很有影响的数学家。他于 1882 年创办的《艾克塔数学》期刊历经一个多世纪后，如今仍然是世界上最具权威性的数学刊物。

注32 约翰·查尔斯·菲尔兹（John Charles Fields，1863—1932），加拿大数学家。最为人所知的成就是他设立的菲尔兹奖。这奖项被誉为数学界的诺贝尔奖。菲尔兹于 20 世纪 20 年代末开始筹备这奖项，但因健康原因，生前未能看到奖项成事。

注33 国际数学家大会（International Congress of Mathematicians，简称 ICM），由国际数学联盟（IMU）主办的全球性数学学术会议。会议的主要内容是进行学术交流，并在开幕式上颁发菲尔兹奖（1936 年起）、奈望林纳奖（1982 年起）、高斯奖（2006 年起）和陈省身奖（2010 年）。

们展开了行动，结果就是国际数学奖——"菲尔兹奖"的诞生。然而令人伤感的是，菲尔兹在这个决定做出之前已然不幸去世。他自己也没有想到，数学奖的名称会冠以自己的名字。

具有讽刺意味的是，菲尔兹奖的创立，是托了诺贝尔没有创立数学奖的福。菲尔兹奖的颁奖是 4 年一度，要求获奖人必须在 40 岁以下，并且最多只能有 4 个人获奖。它拥有比诺贝尔奖更为严格的获奖条件。到目前为止共有 49 人获奖，其中日本人有小平邦彦[注34]、广中平祐[注35]、森重文[注36] 3 人获得过该奖。

菲尔兹设立数学奖，是希望奖项能为数学发展提供原动力，并且在现代延续下去。

◆ 菲尔兹的愿望是使数学获得发展

菲尔兹奖奖牌　　　菲尔兹奖的限制

4 年一度
40 岁以下
4 人为止

肖像是阿基米德

日本人的获奖者有 3 个人

小平邦彦（1915—1997）
1954 年因"调和积分论"获奖
广中平祐（1931—　）
1970 年因"代数多样体的奇点消解定理"获奖
森重文（1951—　）
1990 年因"三维极小模型的存在"获奖

菲尔兹（1863—1932）

注 34　小平邦彦（1915—1997），日本数学家，1954 年因为对调和积分论、代数曲面分类等项目研究而获得菲尔兹奖。

注 35　广中平祐（1931—），日本数学家，京都大学名誉教授，日本算术奥林匹克委员会会长，1970 年由于其在代数几何上的成就获得菲尔兹奖。

注 36　森重文（1951—）日本数学家，因三维代数簇的分类而著名，于 1990 年获得菲尔兹奖。

问题产生问题的世界

等待被证明的众多难题

不管是什么样的地图，都可以用 4 种颜色来区分标识——这是在 19 世纪中叶发现的、有名的"四色问题"。经过了百年的岁月，这个问题终于在 1976 年被证明了。在解决问题的过程中，电子计算机成为了必不可少的因素。

"将 3 次方分解成两个 3 次方的和，是不可能的。我确信已经发现了一种令人惊讶的证明方法，但是这里空白的地方太小，写不下。"留下这如谜语般的一句话的是 17 世纪著名的数学家费马[注37]。

"费马大定理"[注38] 的证明竟然花费了 350 年的时间。1994 年，英国的数学家怀尔斯[注39] 用岩泽理论[注40] 证明了"谷山·志村猜想"[注41]。

注 37　皮埃尔·德·费马（Pierre de Fermat，1601—1665），法国律师和业余数学家。他在数学上的成就不比职业数学家差，他似乎对数论最有兴趣，亦对现代微积分的建立有所贡献。

注 38　费马大定理，也称费马最后定理，由 17 世纪法国数学家费马提出，一直被称为"费马猜想"，直到英国数学家安德鲁·怀尔斯（Andrew John Wiles）及其学生理查·泰勒（Richard Taylor）于 1995 年将他们的证明出版后，才称为"费马大定理"。这个猜想最初出现在费马的《页边笔记》中。尽管费马同时表明他已找到一个绝妙的证明而页边没有足够的空白写下，但仍然经过数学家们 3 个多世纪的努力，猜想才变成了定理。

注 39　安德鲁·约翰·怀尔斯爵士（Sir Andrew John Wiles，1953— ），当代著名的英国数学家，因证明了历时 350 多年的、著名的费马定理名闻天下。

注 40　岩泽理论，由日本数学家岩泽健吉于 20 世纪 50 年代提出，是割圆域理论的一部分。

注 41　谷山—志村猜想，由日本数学家谷山丰（1927—1958）与志村五郎（1930— ）提出，是解决费马定理的核心。

换句话说，怀尔斯通过日本人取得的成绩，攻克了"费马大定理"这一难题。

问题本身是沉默的。但是，它会静静地对看到它的人说："如果你能解开这个题目的话，你就试试吧。"

◆ 数学界的众多难题

四色问题

平面上的地图都可以用 4 种颜色区分标识

（19 世纪中叶发现 → 1976 年解决！）

费马大定理

n 在 3 以上的时候

$$x^n + y^n = z^n$$

满足上式的自然数 x、y、z 是不存在的

（16 世纪 30 年代发现 → 1994 年解决！）

哥德巴赫猜想[注42]

比 2 大的、所有的偶数都是两个素数的和

（1742 年发现 → 尚未解决！）

黎曼假设[注43]

泽塔（zeta）函数 $\zeta(s)$ 的非平凡零点 s 都在 $\mathrm{Re}\ s = \dfrac{1}{2}$ 上面

（1859 年发现 → 尚未解决！）

注 42　哥德巴赫猜想，1742 年由普鲁士中学教师哥德巴赫（Christian Goldbach，1690—1764）在教学中首先发现，他给当时的大数学家欧拉（Leonhard Paul Euler，1707—1783）的信中正式提出这一猜想，它由此成为数学皇冠上一颗可望不可及的"明珠"。

注 43　黎曼假设，也称黎曼猜想，由德国数学家波恩哈德·黎曼（Georg Friedrich Bernhard Riemann，1826—1866）于 1859 年提出。它是数学中一个重要而又著名的未解决的问题。多年来它吸引了许多出色的数学家为之绞尽脑汁。它对业余数学家的吸引力比对专业数学家更强烈。

"想要解开"的心情产生问题

可以说，数学家就是挑战者，基于扎根内心的"想要解开"的心情，不断创造出新理论来。这样的话，从这些理论中会发现新问题。可以说数学不仅是解决问题，更重要的是创造问题。

牵引着数学世界的难题有很多。比如，比 2 大的、所有的偶数都是两个素数的和的"哥德巴赫猜想"，还有关于素数的分布的"黎曼假设"，等等。

研究越深入，越能发现数学世界里充满了神秘性。在那里众多难题还在一直等待着有一天能够被解开。

第二部分

生活中无所不在的数学

√（根号）就像植物的根

√（根号）在什么地方出现

中学的数学教科书里会出现数学符号 √（根号）。为什么我们必须学习 √ 呢？我想，抱着这种疑问来解题的人应该很多吧。

平方后等于 a 的解有两个。比如，平方等于 9 的数是 +3 和 — 3 这两个数字。如果继续追问"平方等于 3 的数是什么"，就不能使用整数来表达。这个时候使用 √ 的话，就可以表达为平方为 3 的数是 $\pm\sqrt{3}$。教科书上是这么教我们的。

但是，这种教法对于初中生来说，太过于突然了。求解平方等于 3 的数，对很多觉得"这是跟自己没关系的事情"的学生来说，并不是一个很好的切入途径。相反，如果把"其实 √ 就在我们身边"这件事情，从最初就展示出来的话，效果可能会好很多。

于是，我们就踏上了"寻找 √ 之旅"。这里我们想举 $\sqrt{2}$ 和 $\sqrt{5}$ 这两个例子。首先来看 $\sqrt{2}$ 和复印纸。

复印纸有 A4、B5 等规格和尺寸，让我们来关注一下长宽的比例。实际上这里隐藏着 $\sqrt{2}$。不管什么样的尺寸，复印纸的长宽比都是 $1:\sqrt{2}$。比如，把 A4 纸试着在纵方向上对折，于是 A4 纸便成了 A5 纸。

反之，如果把两张 A4 纸合在一起的话，就变成了 A3 纸。也就是说，所有的长宽比都是 $1:\sqrt{2}$。即使规格和尺寸不一样，所有的复印纸也都是同样的形状。托 $\sqrt{2}$ 的福，可以很方便地决定纸张的大小和形状。

潜伏在 "达芬奇密码" 里的黄金比

下面来看 $\sqrt{5}$ 和卡片的关系。因电影《达芬奇密码》[注1] 而出名的黄金比[注2] 数字，它拥有最美的长方形的长宽比：$1 : 1.618\cdots\cdots$（$\frac{1+\sqrt{5}}{2}$）。名片或者卡片类，以及正五角形（如樱花的花瓣等）都符合这个黄金比。人类会对由黄金比形状的具备平衡感的形状产生美感。

如上所述，$\sqrt{2}$ 是使复印纸的功效发挥到极致的数字，而 $\sqrt{5}$ 则是把美发挥得淋漓尽致的数字，它们都活跃在我们的生活中。

"数字是鲜活的"，难道不是这样吗？ 把数字看成是 "活着的" 东西来审视，这种观念是很重要的。请接受数字是 "活" 的这一事实。如果能够这样思考的话，会很自然地和数字交上朋友。

数字并不是一种东西。只是，它静悄悄地支撑着我们。比如，带 $\sqrt{\ }$ 的数字就在我们的周围生活着。

注1　电影《达芬奇密码》，改编自美国作家丹·布朗（Dan Brown，1964— ）2003 年出版的一本同名畅销小说《达芬奇密码》，由美国哥伦比亚制片公司拍摄，于 2006 年 5 月 19 日全球同步上映。片中卢浮宫卓有声望的馆长雅克·索尼埃被人谋杀，尸体摆出了列奥纳多·达芬奇的名画 "维特鲁威人" 的姿态，出现卢浮宫的地板上，而且在身边写下一段隐秘的信息，并且用自己的血在肚子上画下了涉及黄金分割的五芒星符号。一些达芬奇的著名作品中隐含的信息，包括《蒙娜丽莎》和《最后的晚餐》等，都在解密的过程中真相大白。

注2　黄金分割，又称黄金比，是一种数学上的比例关系。黄金分割具有严格的比例性、艺术性、和谐性，蕴藏着丰富的美学价值。应用时一般取 0.618 或 1.618，就像圆周率在应用时取 3.14 一样。公元前 6 世纪古希腊的毕达哥拉斯学派已经触及其至掌握了黄金分割。公元前 4 世纪，古希腊数学家欧多克索斯第一个系统地研究了这一问题，并建立起比例理论。公元前 300 年前后欧几里得撰写《几何原本》，进一步系统论述了黄金分割，成为最早的有关黄金分割的论著。中世纪后黄金分割被披上神秘的外衣，后来德国天文学家开普勒将其称为黄金分割。到 19 世纪黄金分割这一名称才逐渐通行。

顺便说一下，$\sqrt{}$ 是由英文 root（中文意思"根"——译者注）的首个母 r 的变形而成的符号。也就是说，$\sqrt{}$ 是植物的根。这样想的话，是不是觉得会有种像生命的感觉呢。

◆隐藏在我们身边的黄金比

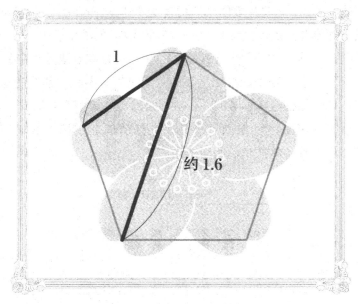

梅花就是因为具有黄金比才美丽的呀！

复印纸的秘密

A 开和 B 开[注3] 的区别是什么？

大家知道，我们身边的复印纸里被隐藏着的秘密吗？ 我们前面谈到过，A4 用纸的大小是 210 毫米 ×297 毫米，它的长宽比是 "$1 : \sqrt{2}$"。当把尺寸翻倍以后，就变成了 A3、A2、A1，而最大的尺寸是 A0。

◆复印纸的 A 开的尺寸比例一览

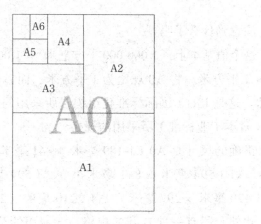

注3　日文的 "判"，相当于中文的 "开数"，指的是印刷用纸的规格。有两种规格的纸——A 开与 B 开。以 594 毫米 ×841 毫米的全纸为 A1，其对开为 A2，四开为 A3，八开为 A4，以此类推。以 728 毫米 ×1 030 毫米的全纸为 B1，其对开为 B2，四开为 B3，八开为 B4，以此类推。

35

以 A4 的尺寸为基础，把长度翻倍来试试看。让我们来看下面的这张图。面积是 1 188 毫米 ×840 毫米 = 997 920 平方毫米。

◆ A4 的长度如果逐渐倍增的话……

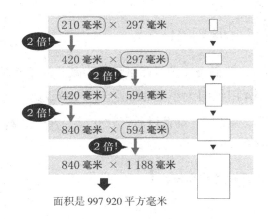

面积是 997 920 平方毫米

注意到什么了吗？

这个值基本上 = 1 000 000 平方毫米 = 1 000 毫米 × 1 000 毫米 = 1 平方米。将 A0 规定为 1 平方米，而后依次确定了更小的尺寸。这是 ISO（国际标准化组织）所采用的规格，在日本也是 JIS（日本工业标准）所采用的规格。

正确的尺寸是 A0（1 189 毫米 ×841 毫米 = 999 949 平方毫米）、A1（594 毫米 ×841 毫米）、A2（594 毫米 ×420 毫米）、A3（420 毫米 ×297 毫米）、A4（210 毫米 ×297 毫米）。

此外，还有一种 B 开的规格。学习用的笔记本的尺寸是 B5 的。在很长一段时间，日本国家和公共团体的文件曾经是 B 开规格，但是这 20 年来公共文件的规格逐渐变成了 A 开。

为什么这两种规格同时存在呢？实际上传统的 B 开有合理的

存在理由。如果只有 A 开规格的话，那么在想要使用比使用率高的 A4 尺寸稍大或稍小的尺寸的时候，就会有"A3 过大，A5 过小"这样的不便感。B 开的存在就是因为可以起到补充的作用。A 开和 B 开隐藏着怎样的数学关系呢？让我们来调查一下身边的 B4 纸吧。

B4 的面积是 257 毫米 × 364 毫米 ＝ 93 548 平方毫米。

A4 的面积是 210 毫米 × 297 毫米 ＝ 62 370 平方毫米。

这样的话，它们的面积比是 93 548 平方毫米 ÷ 62 370 平方毫米 ＝ 1.499……可以看到这个比例基本上等于 1.5 倍。A4 面积的 1.5 倍是 B4，面积的两倍是 A3。大小很合适。

A4 和 B4 叠加的话……

◆ A4 的对角线和 B4 的长边来叠加的话……

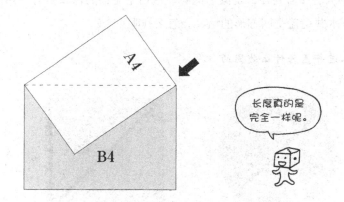

上图是一个即使不用尺子和计算器，也能够理解的有趣方法。把 A4 的对角线和 B4 的长边叠加来看，长度是完全一样的。

A4 的短边的长度如果是 1 的话，长边是 $\sqrt{2}$。根据勾股定理可以知道，A4 的斜边，也就是 B4 的长边的长度是 $\sqrt{3}$。

由此可知，相似比是 $\sqrt{2}$ ： $\sqrt{3}$。也就是说面积比是 2 ： 3 ＝ 1 ： 1.5。

实际上在日本工业标准（JIS）里，B0 被规定为 1 030 毫米 × 1 456 毫米 ＝ 1 499 680 平方毫米（基本上等于 1.5 平方米）。

这就是平常毫不起眼、随手可得的复印机用纸。正是由于这些纸张深处蕴含着数字和图形的机制，我们才能够很方便地使用它们。

下水道井盖为什么是圆的?

下水道井盖隐藏着 π

下水道井盖为什么是圆形的呢？这司空见惯的风景是有理由的。如果下水井道盖是四方形的话，会怎么样呢？

◆ 下水道井盖为什么是圆的

确实对角线比一边要长呢

如果是这样的话，由于对角线的长度比一边要长，所以只要稍微转一下井盖的话，这个沉重的铁块就会掉到井中。这是十分危险的！

反之，如果井盖的形状是"圆形"的话，不管怎么旋转井盖，它都绝对不会掉入井中，因为比圆的直径还要长的部分是不存在的。

除此以外，圆形井盖很容易旋转，在施工中移动很方便，在视觉上很优雅，这些是圆形同时具备的优点。所以说圆形从功能上和设计上来说都是很合适的。

在圆形中隐藏的数就是圆周率 π。圆周率的定义是圆周的长度除以直径的长度得到的值。所有的圆，也就是说，不管什么直径的圆，这个比例值都是固定的。通过测量形状来发现"圆周率 π"这个数字的行为，在距今 4 000 年前就已经开始了。

大家可以动手试一下寻找圆周率。

准备好纸杯、尺子、铅笔和纸，尝试利用这些工具来寻找圆周率吧。比如，测试一下我手边的纸杯的杯口的周长，会发现大概是 21 厘米，直径约为 7 厘米。21÷7 = 3，可以确认圆周率大约是 3。

如果使用更大的纸杯来测量长度的话，可以得到 3.1 左右的数值。但是，使用纸杯来测量，就连我们在教科书上学到的圆周率 π 的大约值 3.14 也得不到。

重要的事物里面隐藏着"圆"

那么要怎样才能得到更为正确的数值呢？不是测量而是利用"计算"来得到圆周率的方法，是自古以来世界上考虑使用的方法。在 18 世纪的江户时代，日本的关孝和（求到圆周率小数点后 10 位数)、镰田俊清[注4]（25 位数）、建部贤弘[5注]（41 位数）、松永良弼[注6]（50 位数）这些和算家，在不断的相互竞争之下，挑战过圆周率的计算。

特别是作为关孝和的优秀学生的建部贤弘，他的计算方法使用了无穷级数[注7]的思考方法，放在当时的世界水平来看也是第一流的成就。这反映了当时日本曾经是数学强国。

重要的事物里面隐藏着"圆"，不是吗？

地球或者天体的运动、日本的钱币、圆满、圆滑……好像所有都隐藏着圆的样子。和欧洲的数学一样，日本人也对重要的"圆"不断地、不厌其烦地进行"探求"。

2002 年，东京大学的金田小组完成了前所未有的超过 1 兆位的计算。

$$\pi = 3.141\ 592\ 653\ 589\ 793\ 238\ 462\ 643\ 383\ 279\cdots\cdots$$

这个数字无限延续的原形还没有被解开过。从今以后，人类也会和圆一起共同生存，并不断地进行着"解开圆的秘密"的挑战。

注 4　镰田俊清，江户时代大阪的和算家，他从圆的内接多边形和外接多边形之周长，评价圆周率的上限和下限。

注 5　建部贤弘（1664—1739），日本江户时代的和算家，日本"算圣"关孝和的弟子。一生创造性的研究很多，是关流数学的重要开拓者，在和算圆理、极数术、三角函数、数值逼近等方面都有划时代的贡献，可以说是世界上最伟大的数学家之一。

注 6　松永良弼（1690—1744），日本江户时代中期的和算家，著有《方圆算经》等书。

注 7　无穷级数是对一个有次序的无穷个数求和的方法，有发散性和收敛性的区别。英国数学家指出，15 世纪的印度人曾发现可用于计算圆周率的无穷级数，并利用它将圆周率的值精确到小数点后第 9 位和第 10 位，后来又精确到第 17 位。

兑换也好，环保也好，都由"转换"所支撑

到处都充满了"转换"

我们的生活里，充满了"转换"。

比如，日元与美元的外汇兑换比率，用"100 日元＝1 美元"这样的关系式，来表示日本和美国之间货币价值的换算比例。还有，"一条秋刀鱼＝90 日元"，它将物品或服务的价值换算成一个国家或地区的货币指标。

总之，可以说经济是由"转换"的不断积累而形成的。

此外，酸和碱混合在一起的话，会发生中和反应生成水和盐——我们生存所不可或缺的东西。这个中和反应是物之间的"转换"。

而且，所谓发酵，虽然是酵母菌把有机化合物进行酸化而生成酒精的过程，但是也可以说成是微生物进行的转换。酸奶、纳豆、辣白菜……正是因这种转换制造出来的发酵食品，使我们的饮食变得丰富多彩。

我们身边的能量也是"转换"的鬼斧神工。水力发电、风力发电、生物质能发电、太阳能发电等所创造出来的电力，都是太阳能转换而来的。

太阳和计算机的共同点

太阳是借助氢元素转换成氦元素的核聚变反应，来释放出能

量的。这种核聚变反应是把质量转换成巨大能量的反应。

根据 1905 年物理学家爱因斯坦[注8] 发现的公式 $E = mc^2$，这个能量是可以计算出来的[注9]。爱因斯坦通过这个公式，表述了质量 m（kg）转换为能量 E（J）的转换关系。

◆ 由"转换"所衍生的邮票？

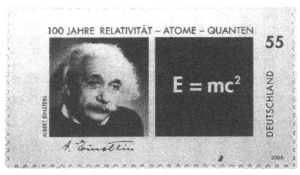

为纪念"特殊相对性理论"发表 100 年而由德国发行的邮票。

如上所述，在经济、化学、生物、物理的世界里，可以发现各种各样的"转换"。所谓经济学、化学、生物学、物理学等学科，可以说就是在探索各自的研究对象之间的"转换的机制"。将对象所附带的"量"变换成"数"，从而可以第一次让人们能开始就这个对象来进行沟通交流。对于这些学科来说，数学是必不可少的工具。

人生来被赋予了 10 个手指。使用这 10 个手指和数字，人们

注8　阿尔伯特·爱因斯坦（Albert Einstein，1879—1955），20 世纪理论物理学家、思想家及哲学家，也是相对论的创立者，被誉为现代物理学之父及 20 世纪最重要的科学家之一。

注9　1905 年 9 月 27 日，德国《物理年鉴》刊出爱因斯坦的《物体的惯性同它所含的能量有关吗？》，他认为"物体的质量可以度量其能量"，随后导出了 $E = mc^2$ 的公式。这是一种阐述能量（E）与质量（m）间相互关系的理论物理学公式，公式中的 c 是物理学中代表光速的常数。

数着这世界上所有的东西，并且由此构筑了目前的文明。

现在，"数数"这个行为，由计算机代替了。计算机这种装置，只是通过数"0"和"1"的作业来进行工作。这个作业在高速下进行，使得我们在根本没有注意到信息被转换成数字的情况下，就实现了对巨量信息的处理。IT[注10]正是由把多媒体（文字信息、影像信息、音乐信息等）全部转换为0和1的数字而形成。

多种多样的转换，在肉眼看不到的地方，默默地但却是非常精确地、一丝不苟地、严谨地进行着。如果是这个"转换"在支撑着我们的生活，我们还真是不能不感谢"转换"呢。

"米"诞生于法国大革命

单位是如何决定的？

"1 米"或"1 千克"里的米和千克，被称为"单位"。我们的日常生活，如果没有这些度量单位，是不可想象的。

不用说明也显而易见，我们通过测量时间、长度和重量这些量，且将这些量规范化，由此构筑起了我们的生活。

量是由数和单位构成的。也就是说，量＝数 × 单位。"×"的符号通常被省略，因此，量就表示为 3m、5kg 这样的形式了。可以说，人类是因为要和社会中的很多的人共同生活下去，所以才发明了数和单位。

方便的数和单位并不是从一开始就存在的，可以说是经过了

注10　IT 是 Information Technology 的缩写，意思是信息技术。

很多辛苦努力，我们才获得了这样的珍宝。

单位"米"是在法国大革命[注11]中诞生的。革命政府出于自己的国家测量的需要（确定国界），也是考虑到了从此以后世界需要一种共同的单位，所以创造出了国际长度单位——"米"。

新的单位需要根据一种地球上任何一个人都认同的普遍规则来制定，因此，就以地球上的某一段长度为基准，进行了制定。这个被作为基准的长度就是"从地球的北极到赤道位置的子午线的长度的四千万分之一"。具体来说，需要对从法国到西班牙的距离，不断反复地进行三角测量，这是一项对高精度测量技术的挑战[注12]。

苦心孤诣的测量，变成了测量者要付出生命危险的艰难的事业。1795年，法国终于颁布了"米制"法律。而与欧洲各国缔结《米制公约》，则于1875年才达成。

法国规定了米的正式长度之后，又经过了80年，"米"才终于成为了世界标准。日本在1885年加入《米制公约》，并从位于法国巴黎的国际计量局[注13]取得了基准米原器[注14]。

注11　法国大革命（French Revolution，1789—1799）是指18世纪末爆发于法国的、各阶层广泛参与的革命。1789年7月14日巴士底狱被巴黎市民攻陷，法国大革命爆发。1799年的雾月政变标志法国大革命的终结，前后经历了10年时间。

注12　国际单位制的长度单位"米"起源于法国。1790年5月由法国科学家组成的特别委员会，建议以通过巴黎的地球子午线全长的四千万分之一作为长度单位——米。为了制造出表征米的量值的基准原器，在法国天文学家德朗布尔（Jean-Baptiste Joseph Delambre，1749—1822）和梅尚（Pierre François André Méchain，1744—1804）的领导下，于1792—1799年，对法国敦克尔克至西班牙的巴塞罗那进行了测量。1799年根据测量结果制成一根3.5毫米×25毫米矩形截面的铂杆(platinum metre bar)，以此杆两端之间的距离定为1米，并交法国档案局保管。因此米原器也称为"档案米"。

注13　国际计量局（BIPM）是一个国际度量衡组织，1875年5月20日依据《米制公约》成立，其宗旨为"确保国际度量衡标准在全球各地的一致化"。

注14　国际计量局复制了30个基准米原器。1889年经第一届国际计量大会（CIPM）批准，从中选出了一个作为国际米原器，留出数个作为工作原器，而把其余的分发给米制公约成员国作为国家基准。

持续进化的"米"

现在的米的定义基准从"地球"变成了"光"。米被定义为在"1/299 792 458秒"的时间里,"光在真空中行进的距离"。

米制刚刚诞生之时,世界通用的单位只有4个,但是现在国际单位系列(SI)的基本单位有7个,即长度(m)、质量(kg)、时间(s)、电流(A)、热力学温度(K)、物质的量(mol)和发光强度(cd)。

现在时间的单位"秒",是由"铯133原子(Cs133)基态的两个超精细能级之间跃迁所对应的辐射的9 192 631 770个周期所持续的时间"所定义的。时钟的精度因原子钟[注15]而发生了飞跃性的提升,由此也使"米"的定义重新变更。

◆ 国际认定的7个单位

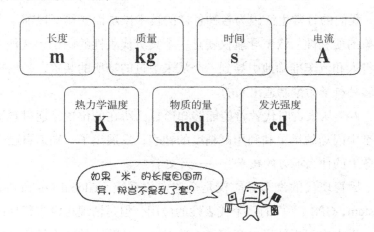

注15 原子钟是利用原子的一定共振频率而制造的计时仪器,也是国际时间和频率转换的基准,用来控制电视广播和全球定位系统卫星的信号。

单位被赋予了"要提高到更准确的精度"的使命。

只要我们还在利用"数"和"单位"来表示"量",我们就不会停止对单位的精度的追求。我们人类,今后也会和"数"与"单位"一起前进。

了解单位的今天,也可以了解到迄今为止的、人类发展的历史。今后在我们的文明前进发展的同时,作为见证,"新的单位"的定义也一定会出现吧!

爱因斯坦和愉快的自驾旅行

天文学和人类的愿望

我们的日常生活因为各种各样的技术进步而获得了以前不可想象的便利性。汽车导航仪就是一个具有代表性的例子。这种可以将人和汽车准确地引导到一个从未去过的场所的装置,是借助了多种科学力量制造出来的。

人类从太古时代就希望能够知道自己所在的位置。通过观测天空中闪烁的星星和利用高精度的钟表,发展出了"知道自己在地球上的什么地方的技术"——天文学。

尽管现代的汽车导航仪是全球定位系统(Global Positioning System,GPS)注16 的一个代表性的应用,但是情况也没有任何改变。天空中闪烁的星星变成了人造卫星,高精度的钟表从机械式

注16　全球定位系统是一个中距离圆形轨道卫星导航系统。它可以为地球表面绝大部分地区(98%)提供准确的定位、测速和高精度的时间标准,该系统由美国国防部研制维护。

的钟表变成了原子钟。

汽车导航仪是将人造卫星和原子钟结合起来、借助电子计算机的力量实现导航的一种设备。

◆现在我们身在何处？

农业和航海都离不开天文学呢。

汽车导航仪在计算什么

汽车导航仪为什么要装配能够每秒数亿次高速计算"0"和"1"这两个数的电子计算机呢？汽车上搭载的导航仪配备了天线，这是用来接收人造卫星传送来的电波的。

这里利用了几何学的知识。人造卫星把它上面搭载的原子钟的信息，以电波的形式，向四面八方发送出来。也就是说，电波是以人造卫星为中心以球面的形式进行发送的。人造卫星发出的电波信号被地上的汽车导航仪的天线接收了以后，就可以知道从接收点到人造卫星的距离。

如果这时候能够收到另外一颗人造卫星的电波的话，就可以知道与这两颗人造卫星的距离。这时候由从人造卫星发出的两个球面电波的交汇，就可以大致定位出汽车导航仪所在的位置。

在此基础上，如果还可以收到另外一颗人造卫星的电波信号的话，通过3个球面电波的交汇，可以进一步定位汽车导航仪的所在地点。这时，对于刚才的两个卫星的球面电波相交后的圆周，第三颗卫星所发射的球面电波重合进来，我们可以定位出两地的位置。如果再加上一颗人造卫星的电波信号，就可以准确定位出地面上的任何一点的位置了。

支撑着汽车导航仪的相对论

◆人造卫星所使用的方程式

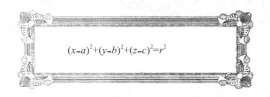

$$(x-a)^2+(y-b)^2+(z-c)^2=r^2$$

由从人造卫星发送的电波所形成的球面，可以用上面的这个方程式来描述。点（a,b,c）是球的中心，r是球的半径，坐标（x，y，z）表示汽车导航仪的位置。

4颗人造卫星各自都有对应的方程式，也就是联立方程式。电子计算机通过解联立方程式从而得到汽车的位置。不仅如此，汽车导航仪还具备道路检索的功能，这是对"四色问题"所属于的领域——图论[注17]的应用。另外，汽车导航仪上还使用CG[注18]来使地图立体化。可以说，在汽车导航仪上，完全装载了灵活地

注17　图论是数学的一个分支，它以图为研究对象，研究顶点和边组成的图形的数学理论和方法。

注18　CG是英文Computer Graphics的缩写，意思是计算机图形学，这是一种使用数学算法将二维或三维图形转化为计算机显示器的栅格形式的科学。

运用了数学和计算机的功能。

对汽车导航仪来说最重要的关键点就是"精度"。实际上，保证在实际应用中达到可以承受的精度（汽车导航仪的误差必须在10米以内）的是相对论[注19]。

也就是说，或许可以认为今天我们在约会时顺利驾车出行，是因为"爱因斯坦在默默守护着你"的原因吧。

人类从古代起所怀抱的梦想，由于多种科学技术和数学的支持而得以实现了。

iPod 是数学在演奏

I 秒的声音要进行 4 万以上的分割？

今天的音乐或影像，正如大家所知道的，是通过数字技术进行录像录音、编辑和传播的。

iPod[注20]等数字设备通过互联网进行的数字传播，令人觉得CD 或者 DVD 这样的"东西"像是过去年代的遗物。而所有这些都是数字技术所造成的"魔法"。数字技术是从"掰手指头数数"而派生出来。我们因为拥有 10 根手指，所以产生了"十进制"这种数数的方法，而在使用只有"0"和"1"的电子计算机的数字音乐领域里面，使用的是"二进制"方法。

注 19　相对论是关于时空和引力的理论，主要由爱因斯坦创立，依其研究对象的不同可分为狭义相对论和广义相对论。相对论和量子力学的提出给物理学带来了革命性的变化，它们共同奠定了近代物理学的基础。

注 20　iPod 是苹果公司设计和销售的一款便携式、多功能、数字多媒体播放器。

　　然而，音乐虽然是声音的集合，但是声音却是一种波。声波是连续变化的。以前的唱片是把声波用物理的方式直接记录在唱片的盘面上。这就是模拟唱片。

　　那么，模拟信号的音乐是如何变成可以通过数字设备来处理的呢？

　　这个核心的部分就是数学。模拟信号转变成数字信号，被称为"AD 转换（analog-digital 转换）"，它的重点是"分割"。首先，音乐通过麦克风转换为电气信号（模拟信号）。需要进行时间和音量（电压）的两次分割，先在时间上把一秒分割为 44 100 份，从而测取声音的大小（电压）。这一步叫做取样。

　　取样得到的声音（电压）以怎样的精度来读取呢？ 接下来就需要进行被称为量化的分割了。

　　音乐 CD 基本上是"16 位"的。所谓 16 位指的是，用"2^{16}（ ＝65 536）分割"这样的方法，对电压进行数值化（数字化）。这就是所谓"44.1 千赫、16 位取样"的含义。

　　CD 是在铝的薄膜上刻出槽来记录"0"和"1"，也就是二进制的数字数据的。也就是说，CD 是在做这样一件事情——把每 1/44 100 秒的声音进行"16 位"量化，将由此所得到的数值，用二进制形式记录下来。

　　顺便说一下，这个标准是由荷兰的家电厂商飞利浦和日本的家电厂商索尼所共同制定的。

和拿破仑一起行动的数学家

　　CD 在播放的时候，会进行数字信息（二进制数的数值）转换为模拟信息（波）的"DA 变换（digital-analog 变换）"。实际上，这里面还潜藏着法国大革命时代的气息。

　　大家知道曾被要求和拿破仑[注21]同行远征埃及[注22]的数学家傅里叶（1768—1830）吗？他的名字被铭刻在历史上，是因为"傅里叶变换"[注23]。这是有关从热传导研究到一般波动相关分析手法的、革命性的理论。将CD的数字数据转换回模拟波信号的理论，是"离散傅里叶变换"。依靠电子计算机的高速计算，数字信号被复原成波（声音）信号。也就是说，现代的数字音乐里面，作为通奏低音[注24]的数学的旋律，一直在它最深的地方流淌着。

　　请大家务必边听CD，边从音乐里品味从"掰着手指头数数"到法国大革命时代的傅里叶，再到发展至现代的"遥远的数学的旋律"。

_____

　　注21　拿破仑·波拿巴（Napoléon Bonaparte，1769—1821），即拿破仑一世（Napoléon Ier），出生于科西嘉岛，法国军事家与政治家。

　　注22　拿破仑于1798年率军远征埃及，除了2 000门大炮外，还带了175名各行业的学者以及成百箱的书籍和研究设备，学者中就包括法国数学家傅里叶。傅里叶还被任命为下埃及总督。

　　注23　傅里叶变换是一种线性的积分变换，因其基本思想首先由法国数学家傅里叶系统地提出，所以以其名字来命名以示纪念。傅里叶变换有不同变种，离散傅里叶变换是其中之一。

　　注24　通奏低音（Thorough Bass），也被称作数字低音（Figured bass），就是作曲家在键盘乐器（通常为古钢琴）的乐谱低音声部写上明确的音，并标以说明其上方和声的数字。演奏者根据这种提示奏出低音与和声。有一个独立的低音声部持续在整个作品中，故被称为通奏低音。通奏低音是巴洛克时期音乐的特点，也是巴洛克时期特有的作曲手段。本书是借用"通奏低音"的概念，说明数学在现代数字音乐技术中所发挥的基础性作用。

江戶的天才数学家

圆周率的计算成为世界性的成就

建部贤弘（1664—1739）是江户时代的数学家，12 岁的时候，他就成为关孝和（江户时代的著名数学家，作为历史人物，在荣获日本第 7 届书店大奖的、由冲方丁所著的日本时代小说《天地明察》[25] 之中，他曾出现过）的弟子，曾经侍奉了德川家宣、家继、吉宗三代将军[26]。他以圆周率的计算取得了世界性的成就而著名。

1722 年，建部贤弘应将军吉宗的要求所写下的著作《缀术算经》[27] 中留下了"从算术之心则心境泰然，不从则苦痛"话语。泰然就是安泰，也就是心情平稳安定的意思，顺从算术之心，就会心情泰然。

注 25　《天地明察》是日本作家冲方丁于 2009 年创作的历史小说，荣获 2010 年日本书店大奖第 1 位和第 31 届吉川英治文学新人奖。作品描写了江户时代的围棋棋士、天文历学者涩川春海（1639—1715）的毕生生涯，和算家关孝也是其中的主要人物。

注 26　德川家宣（1662—1712），德川幕府第 6 代将军，在职时间 1709～1712 年。德川家继（1709—1716），德川幕府第 7 代将军，5 岁继任将军，不到 8 岁便过世。德川吉宗〔1684—1751〕，德川幕府第 8 代将军，在职时间 1716～1751 年。

注 27　《缀术算经》是和算史上的重要数学典籍，也是汉字文化圈数学史上的优秀数学著作，包含了建部贤弘所有的数学创造成果。

◆建部贤弘 21 岁时的著作《发微算法演段谚解》（和算研究所所藏）

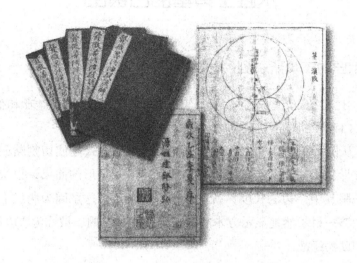

数学是活的？

当知道这句话的时候，一种"果然是这样的呀"的喜悦心情涌上我的心头。

我在学习数学的时候，在很长时间里也同样朦胧地怀有"数学是活的"这样的感觉。向将军断言了数学的"心"的建部贤弘，对于"数学是活的"的这件事情，也满怀着确信的想法。

从建部贤弘的时代之后 300 年，数学有了很大的发展，直到今天还在持续不断地进化中。

木匠工具里的白银比

由木匠的工具所看到的 "算术的心"

"白银比" [注28] 是 $1 : \sqrt{2}$（约为 1.4）的比例，和黄金比相似。白银比和日本建筑有很深的关系。

从圆木料上切割出方木料，最不浪费的方式是使切割断面为正方形。木匠们在实际操作时，只要使用 L 字形的曲尺，很快地看一眼其中一边的长度，就可以切割木料了。这是因为曲尺上刻有能够一目了然地显示方木料的一个边的长度的、被称为"角目"的刻度的缘故。

请看下页插图的左上方的图。圆木的直径是要切出的方木料的断面（正方形）的对角线。也就是说根据毕达哥拉斯定理，圆木直径是切割出的正方形断面木料的一边的长度的 $\sqrt{2}$ 倍。

由于这个缘故，"角目"把通常的刻度（我们称之为"表目"）按照白银比倍数的间隔刻上去。日本美丽的寺庙神社建筑，很多都离不开曲尺的应用。

千年以前，白银比就已经悄悄地存在于木匠们十分喜爱使用的工具里面。从这里我们可以看到，在这背后支撑着日本建筑的那颗清澈简洁的"算术的心"。

注28　与黄金比类似，还有一种被称为白银比的比例 $1: \sqrt{2}$，其近似值是 1:1.414、约为 5:7。这个比例较多地用在书籍和办公用纸方面。把一张复印纸对折，得出的比例和原来的比例一样。据说日本的法隆寺的五重塔和慈照寺的银阁就是符合白银比的建筑，有些佛像的面部比例也是白银比。故日本也称白银比为大和比。

◆ 曲尺是按照白银比制成的

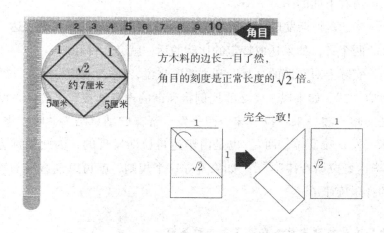

方木料的边长一目了然,
角目的刻度是正常长度的 $\sqrt{2}$ 倍。

完全一致!

毕达哥拉斯和"哆来咪"音阶

声音的秘密,也可以用数字来解开

"哆、来、咪、发、唆、拉、西"的音阶,是根据音律的原则决定的。

毕达哥拉斯[注29]曾经在打铁铺里听各种各样的铁锤声时,注意到这里面有非常和谐的声音(协和音)。

他研究发现这协和音与铁锤的重量有关系。更进一步地,他

___

注29 毕达哥拉斯(Pythagoras,约公元前 580 年至公元前 500 年),古希腊哲学家、数学家和音乐理论家。从他开始,希腊哲学开始产生了数学的传统。毕氏曾用数学研究乐律,而由此所产生的"和谐"的概念,也对以后古希腊的哲学家有重大影响。

利用自然数，解开了隐藏于协和音之间的规律。

请看下面的图。

毕达哥拉斯发现，协和音的关系可以用弦乐器的弦长来表达。

两个音，如果达成特定的比例的话，就会变得和谐。

实际上对和谐的"哆"和"唆"来说，"哆"对应"3"，"唆"对应"2"。如果以 3：2 的比例将和谐的声音连接起来的话，就是：哆→唆→来→拉→咪→西→发。音律归纳总结为"哆、来、咪、发、唆、拉、西"，也是由毕达哥拉斯发现的，因此被称为"毕达哥拉斯音律"注30。如果遵守这个规则，就可以创造出美妙的音乐旋律了。

◆毕达哥拉斯用数字发现了声音的美丽

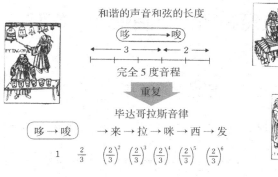

和谐的声音和弦的长度

哆————唆

完全 5 度音程

重复

毕达哥拉斯音律

哆→唆 →来→拉→咪→西→发

$$1 \quad \frac{2}{3} \quad \left(\frac{2}{3}\right)^2 \quad \left(\frac{2}{3}\right)^3 \quad \left(\frac{2}{3}\right)^4 \quad \left(\frac{2}{3}\right)^5 \quad \left(\frac{2}{3}\right)^6$$

注30　毕达哥拉斯音律是弦长的简单整数比。声音通过简单而固定的比例，形成令人喜悦的和谐音乐，这就是一种特别的数学表现。不仅如此，和谐的比例还贯穿于整个艺术、大自然和人生之中，毕达哥拉斯的门徒相信，星球到地球的距离也成简单的整数比例，它们绕地球运转时会发出美妙的球体音乐。

"万物皆数"

说到底，我们之所以能够通过数字来探索声音的和谐性，是因为可以将音程这种声音的高度转换成数字，所以才能够做到的。

毕达哥拉斯发现，协和音的背后存在着具有优美的和谐性的自然数，当时的他，对这种未知的现象也一定很惊讶吧。毕达哥拉斯所留下的"万物皆数"的话语也是可以理解的。也许对声音产生感动的我们的心，也同时在和"数字的心"产生了共鸣吧。

帮助船员的数学家

大航海时代的天文学家的烦恼

16 世纪的欧洲正是所谓的大航海时代[注31]。对当时的船员来说十分重要的是，通过星星的运动，来知道现在自己在地球上的位置。就是说，天文学是当时航海不可或缺的、重要的学问。

也可以说，记录下星星的运行并制作成天文历的天文学家，正在担负着社会的使命。而这正是一项对于"天文学的"数字进行复杂计算的困难的工作。

苏格兰的约翰·纳皮尔[注32]为解决这个难题，想出了一个划时

注 31　大航海时代，又称地理大发现时代，指在 15 世纪至 17 世纪世界各地尤其是欧洲发起的广泛跨洋活动与地理学上的重大突破，欧洲的船队出现在世界各处的海洋上，发现了许多当时欧洲不为人知的国家与地区。

注 32　约翰·纳皮尔（John Napier 或 Neper，1550—1617），苏格兰数学家、物理学家兼天文学家。他最为人所熟知的是发明了对数，以及滑尺的前身——纳皮尔骨头计算器，而且对小数点的推广也有贡献。

代的计算方法。

他一边做着城主[注33]，一方面也对数学保持关心。令人惊讶的是，在他 44 岁才开始的计算工作，经过了长达 20 年，在 1614 年才终于完成了。

支撑天文学计算的"对数"

纳皮尔所找到的方法，是能够将乘法计算转换为加法计算的被称为"对数"的计算方法。这是一项此前谁也没有想到的、令人惊异的发现。利用这种方法，很大数字之间的乘法也可以变得很容易计算了。

◆天文学的复杂计算因对数而变得简单

对数使得天文学家的寿命变成了原来的 2 倍

约翰·纳皮尔（1550—1617）　　　　　拉普拉斯[注34]（1749—1827）

可是这是一种很难让人理解的理论，所以，它的证明思想在当时也很难被周围的人所理解。

注 33　纳皮尔出身贵族，于 1550 年在苏格兰爱丁堡附近的小镇梅奇斯（Merchiston Castle,Edinburgh,Scotland）出生，是梅奇斯顿城堡的第 8 代城主，未曾有过正式的职业。

注 34　皮埃尔 - 西蒙·拉普拉斯侯爵（Pierre-Simon marquis de Laplace，1749—1827），法国著名的天文学家和数学家，天体力学的集大成者。

不过，终于还是有一位能理解它的人出现了。他就是受到纳皮尔想法冲击的天文学家亨利·布里格斯[注35]。布里格斯继承了纳皮尔的遗志。对数经过他的手而变得更加准确，成为世界上的人们在进行天文学的计算时的有力工具。

即使，纳皮尔的名字有一天会被人遗忘，但是，不仅是天文学家，只要是对于需要计算的所有人来说，在今后也会继续使用对数进行计算的。

方程式讲述着星星的光辉

少年时代的爱因斯坦

像爱因斯坦（1879—1955）这样为方程式的魅力所倾倒的科学家是绝无仅有的。同时，像他那样把方程式的魅力教给我们大家的科学家也是绝无仅有的。

从少年时代，爱因斯坦就对光和方位磁石（指南针）等抱有异乎寻常的兴趣。这种目光逐渐投向了森罗万象中存在的核心本质：星星发出光辉、机车奔驰、生命体的温度……在这些现象的背后存在着统一的能量。

人类在很长时间里并没有注意到这件事情。

注35　亨利·布里格斯（Henry Briggs，1561—1630），英格兰数学家，主要贡献是由纳皮尔的对数制订出常用对数，即以10为底的对数。

与理解宇宙相连的等式

1905 年，青年爱因斯坦开始思考"如果光是绝对的存在，那么时间、空间和物质的关系会变成什么样子呢？"这个问题。终于，这个思考导致了有名的"狭义相对论"[注36]的提出。这是以能量（E）由质量（m）和光的速度（c）来表达的公式[注37]。能量是什么呢？

这个宏伟的主题竟然只用这一行方程式就表达了出来！

"我永远不能理解的是，为什么我们能够理解宇宙。"从爱因斯坦的这句话中传达出他的感动。数学并不是为了物理学而创造出来的学问，但是爱因斯坦切身感受到了它们相互之间的默契。

从高中时代起，爱因斯坦的数学成绩并不是特别优秀。他是从成为物理学家以后才领会到数学的威力的。对于"宇宙可以穿上如此优雅的衣裳——方程式"这个事实，爱因斯坦也被深深地震惊了。

无与伦比的天才数学家欧拉

"ζ（泽塔）函数"的发现

数学家欧拉[注38]于 1707 年诞生于瑞士。他的研究领域不只是

注36　狭义相对论是由爱因斯坦、洛伦兹和庞加莱等人创立的时空理论，是对牛顿时空观的拓展和修正。1905 年爱因斯坦发表论文《论动体的电动力学》，建立狭义相对论，成功地描述了在亚光速领域宏观物体的运动。

注37　这里指能转换公式 $E = mc^2$。狭义相对论最重要的结论是使质量守恒失去了独立性，它和能量守恒原理融合在一起，证明质量和能量可以互相转化。

注38　莱昂哈德·保罗·欧拉（Leonhard Paul Euler，1707—1783），是瑞士数学家和物理学家，近代数学先驱之一，在数学的多个领域，包括微积分和图论都做出过重大发现，其创造的许多数学术语和书写格式一直沿用至今。此外他还在力学、光学和天文学等学科领域有突出的贡献。

数学，还涉及物理学、天文学、哲学和建筑学。

　　早在少年时候，欧拉就已经崭露头角，显示了无与伦比的语言能力、默记能力，还有计算能力和默算能力。年仅 14 岁的时候，他就进入了著名的巴塞尔大学[注39]，学习神学和希伯来语。在那里他遇到了有名的数学家约翰·伯努利[注40]，并从此迈上了数学的道路。

　　27 岁那年，欧拉把他像老师般尊敬的雅各布·伯努利[注41] 也没能够解开的难题"巴塞尔问题[注42]"给出色地解决了。虽然这里省略了详细的证明过程，但是这个成就与对无限的自然数进行加算的"ζ（泽塔）函数[注43]"的发现有着紧密的联系。这是由出类拔萃的计算能力、洞察力以及冒险心所造就的伟业。

　　注 39　巴塞尔大学（Universität Basel），位于瑞士巴塞尔，是瑞士最古老的大学之一，成立于 1459 年，著名思想家伊拉斯谟斯、尼采曾在此执教。

　　注 40　约翰·伯努利（Johann Bernoulli，1667—1748），出生于瑞士巴塞尔，杰出的数学家。他是雅各布·伯努利的弟弟，丹尼尔·伯努利（伯努利定律发明者）与尼古拉二世·伯努利的父亲。数学大师莱欧拉是他的学生。

　　注 41　雅各布·伯努利（Jakob I. Bernoulli，1654—1705），伯努利家族代表人物之一，数学家。他是最早使用"积分"这个术语的人，也是较早使用极坐标系的数学家之一。他研究了悬链线，还确定了等时曲线的方程。概率论中的伯努利试验与大数定理也是他提出来的。

　　注 42　巴塞尔问题（即精确计算所有平方数的倒数的和）是一个著名的数论问题，首先由意大利数学家门戈利在 1644 年提出，由瑞士数学家欧拉在 1735 年解决。问题是以瑞士的第三大城市巴塞尔命名的，它是欧拉和伯努利家族的家乡。

　　注 43　ζ（泽塔）函数，又称黎曼 ε 函数。欧拉破解了"巴塞尔问题"之后，又将这个问题做了一番推广，他的想法后来被德国数学家黎曼在 1859 年的论文《论小于给定大数的质数个数》中所采用，论文中定义了黎曼 ζ 函数，并证明了它的一些基本的性质。

◆成了瑞士货币图像的欧拉

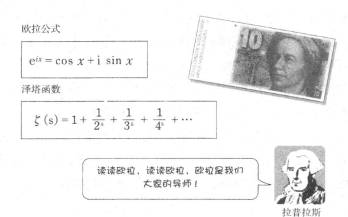

欧拉公式

$$e^{ix} = \cos x + i \sin x$$

泽塔函数

$$\zeta(s) = 1 + \frac{1}{2^s} + \frac{1}{3^s} + \frac{1}{4^s} + \cdots$$

读读欧拉，读读欧拉，欧拉是我们大家的导师！

拉普拉斯

即使失去视力也要追求无限

欧拉在 63 岁时双目失明，而且经历了和妻子的生离死别。即使这样，他也没有停止挑战无限的计算。欧拉心中的眼睛还在凝视着数字。

可是，计算之旅也终于迎来了它的结束。1783 年，欧拉停下了在书写的手。那时他 76 岁。但是，他的 ζ（泽塔）函数留下了即使是现代数学也还没有完全解开的巨大课题。

由此，欧拉让我们领略了他的那颗计算之心的崇高和精彩。

π 是永远讲不完的故事

向圆周率 π 的挑战

说到 3.14，这可是一个有名的数字呢。对，它就是圆周率 π。它的正确值是 3.141 592 653 589 793 238 462 643 3……后面会永远继续下去。没有比圆更单纯的形状了，但是圆里面所隐藏的 π 这个数字，却包含了超越我们想象的深度。

对 π 的正确数值的探求，从距今 4 000 年前就已经开始了。公元前 2 000 年左右，圆周率在埃及被表示为 3.1，公元前 3 世纪古希腊的阿基米德大约计算到 22/7（3.142……）。进入公元 5 世纪，中国的天文学家祖冲之计算到 355/113（3.141 592），到了公元 18 世纪，日本的建部贤弘计算到小数点后的 41 位。

超越时代的计算在世界范围里不断地进行着。

接下来进入了 21 世纪。计算机的登场让计算的竞争达到白热化。2002 年计算到达了超过了一兆位的情况。这样的趋势正在如实地讲述着数学的发展。

◆永远继续下去的 3.14……

3.141 592 653 589 793 238 462 643 383 279 502 884 197 16……

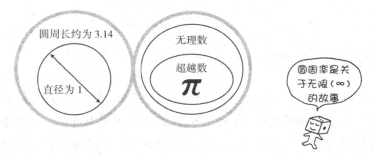

π 永不完结

在 1767 年，不断发展的数学明确了 π 是无限不循环小数的"无理数"，并且在 1882 年证明了 π 是用方程式的解所无法表示的"超越数"注44。

把我们大家引入"无限"这个无穷无尽的世界的 π，直到今天在它里面还包含着不能完全解释明白的故事。我们今后也会和 π 一起继续走下去。

注44　在数论中，超越数是指任何一个不是代数数的数字（通常它是复数）。它满足以下条件——只要它不是任何一个整系数代数方程的根，它即是超越数。最著名的超越数是 e 以及 π。

无限也有大小？

自然数和偶数，哪个更多？

1、2、3……这样的自然数，是无限延续的。其中也包含偶数，那么你觉得自然数和偶数哪一边的数更多呢？

大多数人大概会回答："当然是自然数吧。"

确实，如果限定为到 10 为止的自然数的话，偶数是一半有 5 个。但是，如果在"无限"中来考虑自然数的话，虽然偶数只有一半，但是可以说和自然数具有同样的数量。"无限"的世界是十分深奥的。

小的无限和大的无限

自然数的无限，可以叫它"小的无限"。还存在有"大的无限"，这在 19 世纪后半叶得到了证明。简单地说，首先我们来考虑一下数轴上面的点。

如果把点铺得满满当当的话，可以得到一条直线，但是如果只有无限排列的自然数的点的话，直线会变得空空荡荡而充满了空隙。如果再把有理数（分数）的点给无限地追加上去的话，也还是留有空隙。再进一步把"大的无限"的点给密密麻麻地铺上去的话，才终于使空隙消失。

也就是说，实数里面除了自然数和有理数，还有"大的无限"就是前面介绍过的圆周率 π 等"超越数"。

我们所知道的数字只是数字全体的很小一部分。对于绝大多数的超越数，我们还基本上一无所知。数字世界即使是深入研究也还是没有尽头的，简直就是一个神秘的、不可思议的王国。

◆ 无限的世界是个谜

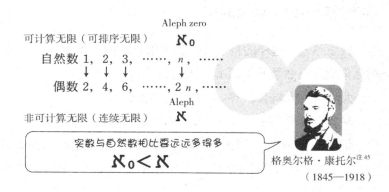

可计算无限（可排序无限）　Aleph zero　$\aleph_0$

自然数　$1, 2, 3, \cdots\cdots, n, \cdots\cdots$

偶数　$2, 4, 6, \cdots\cdots, 2n, \cdots\cdots$

非可计算无限（连续无限）　Aleph　$\aleph$

实数与自然数相比要远远多得多

$$\aleph_0 < \aleph$$

格奥尔格·康托尔[注45]

（1845—1918）

注45　格奥尔格·费迪南德·路德维希·菲利普·康托尔（Georg Ferdinand Ludwig Philipp Cantor，1845—1918），出生于俄国的德国数学家，创立了现代集合论，作为实数理论以至整个微积分理论体系的基础。他还提出了集合的势和序的概念。

第三部分

数学之罗曼蒂克

100 与数学家高斯——数的岁时记之一

数字在活着

所谓岁时记，在《广辞苑》[注1]里面的解释是：

（1）记载一年中应时的自然景物或人世间的百般诸事的文字，为岁时记；

（2）在俳谐[注2]里，根据季语（即表示春夏秋冬某一季节的用语）进行分类，并且附加解说或者例句，这样的俳谐为俳谐岁时记。

数字世界里面没有时间。这个宇宙的森罗万象是在时间的流动中存在的。但是数字的存在超越了这个时间的流动。1 这个数字直到现在也没有老去，它还是 1。在数字的世界里，是不是存在我们感觉不到的、在数字独自的世界里流淌着的时间呢？

为什么会有这样的感觉呢？

这是因为觉得"数字在活着"。有生命的东西会有自己的韵律，所以数字也会持有自己的韵律。在数字里面也有"生命的跃动"。数千年的数学发展历史在不断地证明这一点。

在各种各样的世界里生存的数字，一定是生存于各自世界里流淌的时间之中。虽然我们可能看不到，但是确实存在着各种数

注1 《广辞苑》，是日本最有名的日文辞典之一，百科全书式辞典，相当于中国的《辞海》。

注2 俳谐指在江户时代盛行的一种日本文学形式以及作品，是从正统的连歌分支出来的，是发句和连句形式的总称。

字和在相应的那个世界里流淌的时间。我想把它们作为"数的岁时记"来介绍给大家。

100，意味着"很多"

100作为"很多"或者"很大"的意思被使用着。我们有"百景"、"百选"、"百科全书"等说法。但是，如果仔细想想，以"数字的大小"来说，应该还有1 000（千）、10 000（万）等。

可是，我们并不会说"千景"、"千选"或"千科全书"。那么，把数字变小，变成10，会怎么样呢？"从一开始，到十为止"的十，是作为从开始到最后的意思被使用着的。但是，如果说"十科全书"的话，还是会觉得很别扭。

100是比10更"细微"的数。我们在分割整体时会使用10等分或者百分比等。100也包含了一种"百分之百 = 十分之十 = 一"的意思在里面吧。

这样考虑的话，百景、百选、百科全书就变成了具有"把景色或者知识全部网罗进去"的意思了。

18世纪德国天才的数学少年

距今天200年前，一所德国小学的老师，向教室里的学生提出了下面这个问题："从1到100的自然数，全部加起来的话，会等于多少？"

从1到10的话，数目过小，问题过于简单。老师大概也觉得100是一个大小正好的数字吧。学生们开始拼命地计算起来。

"1 + 2 + 3 + ……"一般会像这样，按顺序往上加。可是，在学生中有一个人，他使用和大家不一样的方法向答案迈进。

这个少年就是在数学历史上灿烂生辉的卡尔·弗里德里希·高斯[注3]。少年高斯大概认为对 100 的计算并没有那么困难吧。但是和同学们一样，"1 + 2 + 3 + ……"这样一直加到 100 的话，对作为计算高手的高斯来说，也未免太过无趣了吧。

高斯所留下的、传说的名言

数学家高斯 1777 年出生于德国。他拥有惊人的数学才能，在 3 岁时就可以指出父亲的计算错误。高斯说过："我在学会说话之前，就已经学会数数了。"

高斯在 10 岁时，把学校老师认为"绝对不可能解开"的连续数加法问题瞬间就解开了。吃惊的老师说："对这个孩子我没有任何东西可以教他了。"然后这位老师将一些数学专著送给了高斯。

数学天才高斯的传说在坊间广为流传。在 15 岁的时候，高斯养成了边看素数边就寝的习惯，从而预见了被称为"素数定理"[注4]的优美定理。

在此之后，学习语言学的高斯在 18 岁的时候对自己的出路，也就是成为数学家还是语言学家十分犹豫。在这个时候，在他的眼前出现了一道"如何只使用尺子和圆规画出正十七角形"的问题。这是一道在过去 2 000 年里都没有人解开过的难题。

高斯废寝忘食地投入到这个问题的研究之中。

注 3 　卡尔·弗里德里希·高斯（Carl Friedrich Gauss，1777—1855），德国数学家、天文学家和物理学家，被誉为历史上伟大的数学家之一，和阿基米德、牛顿并列，同享盛名。

注 4 　素数定理描述素数的大致分布情况。素数的出现规律一直困惑着数学家。一个个地看，素数在正整数中的出现没有什么规律。可是总体地看，素数的个数竟然有规可循。

"如果我能够最先解开这个问题的话，我就要成为数学家。"高斯下了决心。

就这样，高斯成为数学家的命运的一刻来临了。在1796年的某个早上，刚醒来的高斯头脑里闪现出这个问题的答案。解决了这一难题的高斯，在此时下定了决心成为一名数学家。

与天职相遇的高斯，在之后的数学研究上，势如破竹，前进的脚步再也没有停止下来过。

高斯在数论、代数学、复数等数学的未知世界里面，孤身一人前进。成为了哥根廷天文台台长后，高斯也开始了天文学的研究。于是，高斯通过计算，预言了小行星的存在。在1801年，正如高斯的预测一样，小行星被发现了。从桌上到天上，高斯的计算之旅从未停止[注5]。

高斯对自己想出的理论的证明投入了巨大的努力。高斯也开始了微分几何学、曲面的研究。为了验证相关理论，高斯登上3座山，去进行测量。

但意外的是，高斯这样伟大的数学家，却没有成为大学教授或者老师。对高斯来说，研究数学最大的报酬，也许就是发现数学自身的美与和谐吧。

活到79岁的高斯，在数学的所有领域都有所开拓，取得了最高的成就。从质和量来说，在他之前和之后都没有出现过像他这样做过如此多工作的人。高斯从生下来到死去，自始至终作为一

注5　1801年高斯有机会戏剧性地施展他卓越的计算技巧。那年的元旦，有一个后来被证实为小行星并被命名为谷神星的天体，被发现当时它好像在向太阳靠近，天文学家虽然有40天的时间可以观察它，但还是不能计算出它的轨道。高斯只做了3次观测就提出了一种计算轨道参数的方法，而且达到的精确度使得天文学家在1801年年末和1802年年初能够毫无困难地再确定谷神星的位置。他在《天体运动理论》中叙述的方法今天仍在使用，只要稍加修改就能适应现代计算机的要求。

名数学家，走完了自己的一生。他的充满艰辛的计算的结果，让我们了解了美丽而又令人感动的数学世界。

高斯把图看作"形状"

少年高斯在计算从 1 到 100 的和的时候，应该认真考虑过解决问题的方法。"1 + 2 + 3 + … + 98 + 99 + 100"，如果用棒状图来表示的话，是阶梯形状的。高斯注意到了藏在这个计算中的"不规矩的形状"。

将数的加法计算变换成"形状"。这对以后迈向数论和几何学顶点的高斯来说，毫无疑问是极其自然的想法。如果是形状的话，就与大小没有很大的关系了。因为 100 也好，1 000 也好，形状都是相同的。

前面说的计算中的"不规矩的形状"，可以看作梯形。梯形面积的计算方法是：（上底 + 下底）× 高 ÷ 2 。如果上底是 1，下底是 100，高是 100 的话，那么很快就可以得到 5 050 这个答案了。

即使将 100 换成别的数字，也可以用这个方法来解决问题。

高中数学所学的公式，正好可以说明高斯的这个想法。

高斯在以前有没有考虑过这个问题呢。如果考虑过的话，那么遇到这个问题的时候应该可以立刻回答出来。也就是说在那个时候，高斯是首次考虑这个问题的。这么看的话，将问题设定为 100 可以说刚刚好。

如果将问题设为"从 1 到 10 未知的自然数全部加起来等于多少"的话，高斯的这种想法应该没有必要了。选择了 1 到 100 的老师，也许很有数学的感觉吧。

◆ 高斯是这样考虑的

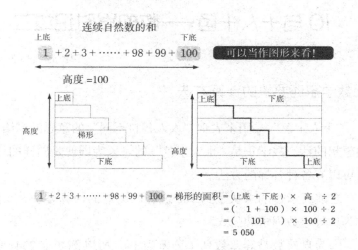

连续自然数的和

上底　　　　　　　　　下底

$\boxed{1} + 2 + 3 + \cdots\cdots + 98 + 99 + \boxed{100}$

可以当作图形来看!

高度 = 100

$$1 + 2 + 3 + \cdots\cdots + 98 + 99 + \boxed{100} = 梯形的面积 = (上底 + 下底) \times 高 \div 2$$
$$= (\ 1 + 100\ ) \times 100 \div 2$$
$$= (\quad 101\quad) \times 100 \div 2$$
$$= 5\ 050$$

◆ 等差数列求和公式

等差数列求和公式

$$(首项) + \cdots\cdots + (末项) = \frac{1}{2} \times (项数) \times \{(首项) + 末项)\}$$

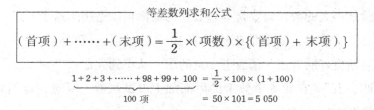

$$\underbrace{1 + 2 + 3 + \cdots\cdots + 98 + 99 + 100}_{100\ 项} = \frac{1}{2} \times 100 \times (1 + 100)$$
$$= 50 \times 101 = 5\ 050$$

◆ 高中数学所学习的公式

$$1 + 2 + 3 + \cdots + n = \sum_{k=1}^{n} k = \frac{1}{2} n(n+1)$$

10 与十人十色——数的岁时记之二

比数学家还要快的计算方法

"十人十色"是用来表现"人人各自不同"的意思的词语。仔细想想的话，数学正是"十人十色"的。因为即使是同样的计算，也可以有各种各样的方法。

之前展示过的求从 1 到 100 之和的高斯的计算方法，一般被称为"等差数列求和公式"。

因为自然数是等差数列（公差为 1），所以例如求 234 到 645 之间的自然数的和就可以在一瞬间用这个公式计算出来。因为不管是多大的数，只要是等差数列的话都可以适用于这个公式。

反过来，如果是比较少的 10 个数的话，就可以考虑一下比高斯更好的方法。请看下一页的图。从小到大地数"一、二、三、四、五"。在第 5 个数字的后面加上 5 试试看。哎呀，竟然就是答案呢!

◆例如，来试一下 234 到 645 之间的自然数的和的计算吧

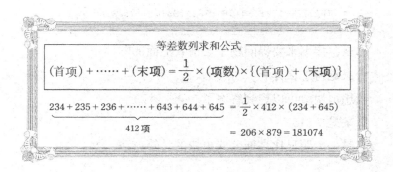

等差数列求和公式

$$(\text{首项}) + \cdots\cdots + (\text{末项}) = \frac{1}{2} \times (\text{项数}) \times \{(\text{首项}) + (\text{末项})\}$$

$$\underbrace{234 + 235 + 236 + \cdots\cdots + 643 + 644 + 645}_{412 \text{项}} = \frac{1}{2} \times 412 \times (234 + 645)$$

$$= 206 \times 879 = 181074$$

◆马上就可以算出来！10 个数的加法计算

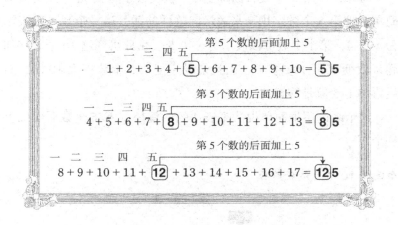

第 5 个数的后面加上 5

一 二 三 四 五

$$1 + 2 + 3 + 4 + \boxed{5} + 6 + 7 + 8 + 9 + 10 = \boxed{5}5$$

第 5 个数的后面加上 5

一 二 三 四 五

$$4 + 5 + 6 + 7 + \boxed{8} + 9 + 10 + 11 + 12 + 13 = \boxed{8}5$$

第 5 个数的后面加上 5

一 二 三 四 五

$$8 + 9 + 10 + 11 + \boxed{12} + 13 + 14 + 15 + 16 + 17 = \boxed{12}5$$

一、二、三、四、五……
哇，一下子就回答出来了！

◆ 能解开吗，10 个数的加法计算？

$$777+778+779+780+781+782+783+784+785+786 = \boxed{?}$$

那么，接下来要提问题了。请看上面的图。

大家觉得怎么样。

我想很快就可以想到答案了。

答案是 7 815。

这是一个明显比高斯公式更快的计算方法。

朋友也想试一下的超高速计算

为什么"第 5 个数后面加上 5"就变成了答案呢？证明极为简单。把第 5 个数字用 x 来表示。这样的话，第一个数可以表示为 $x-4$，第十个数可以表示为 $x+5$。由此可知这 10 个数字加起来就变成了 $10x+5$。也就是说，把第 5 个数扩大 10 倍，然后再加上 5 就是答案。

这个结论用最简单说法来表达的话就是："第 5 个数后面加上一个 5"。

◆ 连续 10 个自然数的和

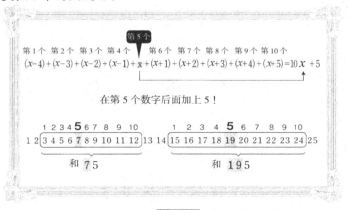

让朋友随便写下一列自然数，从中随便挑出 10 个数。这时如果你在一瞬间计算出它们的和给朋友看，他一定会被吓一跳吧。这就是利用 10 个自然数就可以轻松享受的计算游戏。

时空的构造是十次元？

现在 10 成为了十进制数数方法（计数法）的基础。平日常用的数字（金额、数量、容量、个数等）都是用十进制来表示的。通常来说只要日常使用的数字存在，就会一直继续使用十进制。

以探索万物的根源为目标的是物理学。物理学中一个有影响力的假说里面，存在着与 10 有着很深关系的理论。这就是物质的终极构造不是粒子而是弦[注6]，并且是超弦的"超弦理论[注7]（Super String Theory）"。

这种理论向我们揭示着一些令人惊讶的自然现象。"超弦理论"把基本粒子用弦的振动来表示。弦的不同的振动对应了各种各样的粒子。进一步，根据"超弦理论"，时空的构造是十次元的。

上天赋予人类 10 根手指，从而让人类去数数。

十就是一切。

十分也就是充分。

十意味着"充满"。

十的旋律在宇宙中回响着。

注6　弦理论（string theory），即弦论，是理论物理学上的一门学说。弦论的一个基本观点就是，自然界的基本单元不是电子、光子、中微子和夸克之类的粒子。这些看起来像粒子的东西，实际上都是很小很小的弦的闭合圈（称为闭合弦或闭弦），闭弦的不同振动和运动就产生出各种不同的基本粒子。弦论是现在最有希望将自然界的基本粒子和 4 种相互作用力统一起来的理论。

注7　超弦理论属于弦理论的一种，也指狭义的弦理论，是一种引进了超对称（Supersymmetry）的弦论，其中指物质的基石为十维空间中的弦。

1+1 = 2 是真的吗？——数的片时记之三

数学是这样深奥！

1 + 1 = 2，经常作为简单事情的代名词而被频繁地提起。在这里包含着"最简单的计算＝理所当然的代名词"的意思。这真的是简单而又理所当然的吗？

问题　请计算 1 + 1

但是，请附加说明，这种计算是在怎样的条件下进行的。

▲ **问题之一** 1 + 1 = 2

最一般的计算是用十进制法的计算。接下来，"＋"是表示加法（加算）的演算。"加法"的演算让人觉得很自然，是因为它是从物体的个数，也就是自然数的加法计算为基础而来的。

我们人类有一种无论是什么东西，一旦变得"很多"，就想要进行统计的习性。

这可以说是从农业或者测量中学会的"数学的作业"。所谓 1 ＋ 1 = 2，本来是 1 个＋ 1 个＝ 2 个、1 平方米 ＋ 1 平方米 ＝ 2 平方米 或 1 头 ＋ 1 头 ＝ 2 头 的意思。

1 ＋ 1 ＝ ？

实际上，这个问题右边的答案，怎么考虑都是可以的。

◆ 1 + 1 = ?

$$1 + 1 = 3 - 1$$

$$1 + 1 = 1000 - 998$$

$$1 + 1 = 10 \div 5$$

$$1 + 1 = \sin\frac{\pi}{2} + \log_e e$$

$$1 + 1 = \cdots\cdots$$

▲ 问题之二 1 + 1 = 0

这是指的同余[注8]的计算。所谓同余计算，就是通过余数进行分类的计算。

正确的记述是 $1 + 1 \equiv 0$（mod 2）

【定义】整数 a、b、p、k，如果满足 $a-b = kp$，那么 a 同余于 b 模 p，并表示为 $a \equiv b$（mod p）。

这是把整数用某自然数相除后的余数进行分类的思考方法。例如，$12 \neq 7$，就变成了 $12 \equiv 7$（mod 5）。

12 也好，7 也好，"被 5 所除的余数"都等于 2。也就是说，12 和 7 是属于同一组的数字。

实际上有一种计算我们每天都在进行着。你知道是什么吗？

就是时间。13 点是午后 1 点，20 点是午后 8 点。这种关系如果用同余来表达的话，就变成了 $13 \equiv 1(\text{mod } 12)$、$20 \equiv 8(\text{mod } 12)$。

注8　数学上，当两个整数除以同一个正整数，若得相同余数，则这两个整数同余。同余理论常被用于数论中。最先引用同余的概念与 "≡" 符号者为德国数学家高斯。

时钟是 12 个小时走一圈。这正是同余。高斯曾着眼于这个余数。后来，他以优美的算式实现了对数论的具有划时代意义的发现。

高斯回顾自己的这种计算时，这样说："这种新的计算方法（同余）的优点在于，对不断发生的需求的本质进行了回应，所以，即使没有那些只有天才会被上天眷顾而拥有的无意识的灵感，而只要学会这种计算方法的话，任何人都可以解决问题。这简直是一种在面对即使是天才也绞尽脑汁束手无策的错综复杂的问题的时候，也能够按部就班地解决问题的方法。"

我们重新看一下 $1 + 1 \equiv 0 \pmod 2$。mod 2 是被 2 除所得的余数，这个余数或者是 0，或者是 1。也就是说，左边的数或者是奇数或者是偶数。左边的 $1 + 1$ 是 2，是偶数，因此，mod 2 的结果就变成了 0。

▲ **问题之三** $1 + 1 = 1$

逻辑运算[注9]是针对 1（真）或 0（假）的输入值，输出一个值的演算。逻辑或（OR）[注10]是只要输入值里面有一个是 1，就输出 1，除此之外的时候输出 0 的计算。

注9 逻辑运算用来判断一件事情是"对"的还是"错"的，或者说是"成立"还是"不成立"。逻辑判断的结果只有两个值，称这两个值为"逻辑值"，用数的符号表示就是"1"和"0"。其中"1"表示该逻辑运算的结果是"成立"的，如果一个逻辑运算式的结果为"0"，那么这个逻辑运算式表达的内容"不成立"。

注10 逻辑或，又称逻辑析取，是逻辑和数学概念中的一个二元逻辑算符。运算方法是：如果其两个变量中有一个真值为"真"，其结果为"真"，否则其结果为"假"。

真伪值表

A	B	A+B
0	0	0
0	1	1
1	0	1
1	1	1

▲ 问题之四 1＋1＝10

　　这是在进行二进制的加法计算。让我们来比较一下十进制数和二进制数。二进制数用0和1两个数来记述，所以可以用下边的表来表示。

十进制数	二进制数
0	0
1	1
2	10
3	11
4	100
5	101
6	110
7	111
8	1000
9	1001
10	1010

　　二进制数的1＋1：如果转换成十进制来思考的话，就变成1＋1，是2；转换成二进制数的话，就变成了10。

　　当然用不着把数字一个一个都转换成十进制，我们知道1＋1的意思就相当于1的下一个数，所以看一下二进制数表的话，就可以知道对应的数是10了。

▲ **问题之五** 1 + 1 = 2

看起来和"之一"一样，但是却有着不一样的解释（条件）。"之一"是十进制的计算。那么，十进制以外的情况，1 + 1 的计算又是怎么样的呢。"之四"是二进制的例子。三进制的数有 0、1、2 三个，所以 1 + 1 = 2。在计算机里面登场的十六位进制数有 0、1、2、3、4、5、6、7、8、9、A、B、C、D、E、F 共 16 个数字。也就是说 1 + 1 = 2 在三进制以上的情况都是成立的。这就是和同样是 1 + 1 = 2 的"之一"所不同的地方呢。

那么再来一遍。

1 + 1 = ?

你到底想怎样回答呢？

▲ **问题之六** 1 + 1 = 11

"+"表示文字列的结合。

一般来说，对于任意文字列 a、b，把它们结合起来成为文字列 ab 的动作用 $a + b = ab$ 来表示。

例如，Sakurai + Susumu = SakuraiSusumu。

这是计算机中的文字处理所利用的文字式的演算。所以 1 + 1 = 11 的"1"或"11"表达的"不是数字而是文字"。

▲ **问题之七** 1 + 1 = 1

这是气体的量的计算。1 升气体和另 1 升气体混合起来，并且用压力进行调整的话，可以变成 1 升的气体。

也就是说 1 升 + 1 升 = 1 升。

用液体来考虑的话，如果考虑为两瓶 1 升的玻璃瓶的水混合倒入 2 升的玻璃瓶里的情况的话，可以说 1 升＋ 1 升＝ 2 升，也可以说 1 瓶＋ 1 瓶＝ 1 瓶 。

▲ 问题之八　1 + 1 = 101

这个结论也许很适合作为谜题。

填上适当的单位的话，就会变成 1 [?] + 1 [?] = 101 [?]。要填什么样的单位呢？

就是 1 米＋ 1 厘米＝ 101 厘米的情况。

在"问题之七"的例子里面，数字后面的单位都是相同的，所以 1 + 1 = 2、1 + 1 = 1 这样的式子可以省略单位来进行阅读。

但是在这个例子里面，单位各不相同，所以是"不加上单位的话就不能明白含义的式子"。

从根本上来说，"数"的计算是由"量"的计算里面诞生出来的。在很久以前，对狩猎获得的猎物进行统计的计算，就是加法计算：1 头＋ 1 头＝ 2 头 。所谓量，是数与单位共同组成的东西。

量 ＝ 数 × 单位

为了能够更好的生存，人类发明了数。从这里把数抽出来，就创造出了"数的理论"。

▲ 问题之九　1 + 1 = ?

1 + 1 = ? 的计算，是随着人类的发展而想出的各种各样的计算的一个轨迹。量的计算、N 进制、抽象的代数演算、计算机科学和逻辑运算，这些世界里"1"和"＋"的登场是必然的。

从今以后，和数字共同生活的人类的面前，也会出现新的"1"和"＋"吧。

发现下一个"1 + 1"的计算的人也许就是你。

日全食和圆周率——数的片时记之四

◆ 7 月 22 日是什么日子

调查一下日本的 7 月 22 日，会发现这一天是"全国木屐日"、"著作权制度日"和"坚果日"。

无论哪一个，都好像是由于与 7 和 22 有某种联系而定下来的。与此相对的，世界的 7 月 22 日是"圆周率日"。

另外，由于圆周率 π（3.14……）的缘故，很多国家把 3 月 14 日定为"圆周率日"。

在日本，日本数学检定协会（数检）[注11] 把 3 月 14 日作为"数学日"。日本派（π）协会根据"π（派）"的缘故，把 3 月 14 日定为"派日"。在美国，听说人们一边大口吃着"苹果派"，一边举行庆祝 π 的派对，好像非常有趣呢。

那么，把 7 月 22 日看作"7 分之 22"，计算一下 22 ÷ 7 来试试看。试着写下来。

就变成下一页的样子。

注11　日本数学检定协会，简称数检，是专门从事日本数学专业资格认证的团体。

◆对 7 月 2 2 日进行除法计算的话……

$$
7\overline{)\begin{array}{r} 3.142 \\ 22 \\ 21 \\ \hline 10 \\ 7 \\ \hline 30 \\ 28 \\ \hline 20 \\ 14 \\ \hline 6 \end{array}}
$$

　　$\pi = 3.141\ 592\ 653\ 5 \approx 3.142$，也就是圆周率的近似值。这就是 7 月 22 日成为"圆周率日"的理由。

　　而且，世界上最早根据计算求得圆周率的是古希腊的数学家阿基米德[注12]。阿基米德是利用 7 分之 22 来进行计算的，所以将 7 月 22 日作为"π 日"，可以说是名正言顺的正确选择吧。

　　日本数学协会，将 7 月 22 日到 8 月 22 日定为数学月。将 8 月 22 日看作"8 分之 22"的话，就是 $22 \div 8 = 2.7\cdots\cdots$这是和圆周率具有同样重要性的数学常数——纳皮尔常数 e[注13]（指数函数和自然对数的底）的值。

　　从 π 纪念日到 e 纪念日，正好是一个月，作为数学月，可

注 12　阿基米德（Archimedes，公元前 287 年至公元前 212 年），古希腊哲学家、数学家、物理学家、科学家。在几何学上，他创立了一种求圆周率的方法，即圆周的周长和其直径的关系。

注 13　e 作为数学常数，是自然对数函数的底数。有时称它为欧拉的数（Euler's number），以瑞士数学家欧拉命名；也有个较鲜见的名字——纳皮尔常数（Napier's constant），以纪念苏格兰数学家约翰·纳皮尔引进对数。它的数值约是（小数点后 20 位）：e = 2.718 281 828 459 045 235 36……。

以说恰如其分吧。顺便说一下，将 12 月 21 日作为"圆周率日"的是中国。这是因为，这一天从 1 月 1 日开始数的话，正好是第 355 天。"355"也是表达圆周率的数字，因为 $355 \div 113 = 3.14\cdots\cdots$。

这是由中国南北朝时代的数学家祖冲之[注14]得到的结果。我们来实际计算一下。请看下面的图。

◆ $355 \div 113$ 就是圆周率？

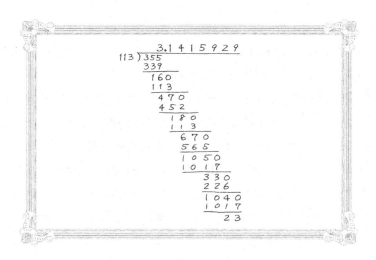

可以看到竟然到小数点后面 6 位为止都是正确的结果。就是这样，一年里面"圆周率日"有 3 天之多，而且越接近年末，数值变化越来越正确。

　　注 14　祖冲之（429—500），字文远，我国南北朝时期北朝刘宋时代的数学家、天文学家。据《隋书·律历志》记载，祖冲之算出 π 的真值在 3.141 592 6（朒数）和 3.141 592 7（盈数）之间，相当于精确到小数第 7 位，成为当时世界上最先进的成就。

◆ 3、7、12 月的圆周率（π = 3.141 592 653 5……）

3 月 14 日	3.14	小数点以下 2 位一致
7 月 22 日	22 ÷ 7= 3.142……	进行四舍五入以后， 小数点以下 3 位一致
12 月 21 日	355 ÷ 113= 3.141 592……	小数点以下 6 位一致

分数为什么是有理数？

从公元前 2000 年前开始探索到今天的圆周率 π，在很长时间里都用分数来表达。从西洋数学开始使用小数点到今天为止还不过是 400 年前的事情。

以前表示比 1 小的数字只有分数。英语里面的分数如果直译过来的话是 fraction，是碎片、断片、部分、分割的意思。另外，表示分数的符号斜线（／）被念作 division sign，这里的 division，也依然是分割的意思。

但是，在数学的世界里面，分数被称为有理数。大家还记得在数学的教科书里碰到有理数的这个新词汇的事情吗？

为什么要故意不叫它分数，而要叫有理数呢？

教科书上当然是没有写这个理由的。后面学习到了无理数（不能用分数表达的数）。在这个阶段，很多的学生都会注意到"有理数和无理数有相对的意思的"。可是，究竟原来有理数和无理数的词汇的由来是什么，学生们还是不懂。

让我们来解开这个谜题吧。

提示在有理数的英文 rational number 里面。这里的 rational，如果仔细调查的话，会发现非常有趣的事情。看普通的英语辞典，形容词的 rational 的名词形式是 ratio，而 ratio 的意思是"比"。

也就是说，形容词 rational 是"可比的"的意思。原来如此，分数是分子和分母的两个数的比，因此，rational number 也就是"可比的数"的意思。但是，rational number 并没有被翻译成"可比的数"，而是翻译成了"有理数"，也就是"有道理的数"。

这究竟是怎么一回事呢？

有些像英语的学习了，但是接下来我们还是来试着用英语大辞典查一下 ratio 的词源。如此一来的话，就可以知道为什么现代英语里的 ratio 会变成"比"的意思了。

◆将有理数换成英语的话……

比就是计算

拉丁语　Ration　＝　进行计算

英语　Ration　＝　比

Rational　＝　合理的，逻辑性的

rational number　＝　有理数（分数）

有比数

实际上拉丁语里面的 ratio 有计算的意思。

ratio 从"进行计算的动作"到"比"（之所以会这样是因"比"正是应该计算的对象），rational 就变成了"可以计算的"，又变成了"合理的"意思。有理数原来就是"有比数"，与它相反的无理数（如 $\sqrt{2}$ 或者 π 等），是不能够用分数来表示的数，也就是应该被称为"非比数"的数了。这样一来的话，rational number 本来是"可比数"的意思，却采用了"合理的数"，也就是"有道理的数"的称谓。

为什么会选取了后者作为正式的称谓呢？

要想知道这个问题，这次我们需要讲解一下历史了。这需要一直回溯到古希腊时代。

毕达哥拉斯的"万物的根源都是数"

据说古希腊的数学家毕达哥拉斯曾说过"万物的根源都是数"。这个数不用说是自然数。在毕达哥拉斯的时代，自然数才是可以计算的数，也就是说，大家甚至认为自然数应该是一种"理性的象征"的存在。

分数只是被认为是两个自然数的比（是可以计算）的数，而别无其他。不是这样的数就意味着是"非理性的"，在那时是应该被排斥的、不可以去思考的存在。

在这样的环境下，知道了有 $\sqrt{2}$ 这样用分数所不能表达的数字的存在。毕达哥拉斯学派对此一片哗然。在几何学上存在 $\sqrt{2}$，这是毋庸置疑的，它是不能用自然数来考虑的数，这一发现实在是一件真正的大事。

为什么这么说呢？因为这与毕达哥拉斯学派"万物的根源都

是数"的想法是截然相反的。

据传说，这个不祥证明的发现者希伯索斯[注15]丧命于船只失事。公元5世纪，希腊作家普罗克洛斯[注16]曾说过下面这样的话："非理性的东西，打乱格式的东西，都应该隐藏在秘密的帷帐之下，那传说的作者曾经想要这么说。悄悄潜入那里，意欲暴露秘密的那个灵魂，被拉拽进变幻莫测的大海中，被间断不息的奔流吞没溺亡。"

◆ 圆周率 π 的计算历史

$\left(\dfrac{16}{9}\right)^2 = 3.1\cdots$		公元前 2000 年	古代埃及
$\dfrac{22}{7} = 3.14\cdots$		公元前 250 年	阿基米德
$\dfrac{355}{113} = 3.141592\cdots$		480 年	祖冲之
$\dfrac{103993}{33102} = 3.141592653\cdots$		1748 年	欧拉

但是，这个故事并不是荒唐无稽的，反而成了从毕达哥拉斯以后跨越 2 000 年以上的真实的传说。

注15　希帕索斯（Hippasus），生活于大约公元前 500 年，生卒年月不详，属于毕达哥拉斯学派门生。公元前 5 世纪，毕达哥拉斯学派认为"万物皆数"，世界上只有整数和分数（有理数）。而希帕索斯却发现了令人震惊的"无限不循环小数"，即无理数，令该学派感到恐慌，并引发了第一次数学危机。

注16　普罗克洛斯（Proclus，410—485），希腊哲学家、天文学家、数学家、数学史家，生于拜占庭，卒于雅典。

在现代，$\sqrt{2}$ 和 π 是除不尽的数、是无理数的事实已经为人所知了。但是，理解这个无理数的真面目，却不是这么轻而易举的事情。圆周率 π 是无理数的事实得到证明竟然是 1761 年的事情了。这如实地说明了把握无理数这个概念有多么困难。

作为无理数的 π 被表达为无理数，它真的是很"无理"的。

圆周率从 $(16 \div 9)^2 \approx 3.1$，到判明 $22 \div 7 \approx 3.14$ 为止，竟然花费了近 2 000 年。而在此之后，圆周率 π 在很长时间里也都是只能用分数来表达的。

"无理数"到底是什么？

在 400 年前，由于小数点被发明，使得对超越分数的"无理数"的挑战终于开始了。

用分数无法表示的数——无理数的英文是 irrational number 。所谓 irrational 就是"不是 rational 的"的意思。从这个 irrational 里面，可以传达出"不可比的"和"不合理的"两种语感。但是，把这个英语单词最初翻译成日语的以前的日本数学家们采用了"非合理的"这一语义，他们猜测这个词是"无理"的意思。这个翻译语很好地表达了这种情况：人类在很长时间里对待"不能比的数"的做法确实是"无理的"。

因此，把分数，也就是"可比的数"，看作与之相反的"有理"的做法，是最合适的。

◆ 结论！无理数是……

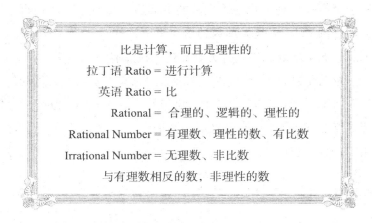

比是计算，而且是理性的

拉丁语 Ratio = 进行计算

英语 Ratio = 比

Rational = 合理的、逻辑的、理性的

Rational Number = 有理数、理性的数、有比数

Irrational Number = 无理数、非比数

与有理数相反的数，非理性的数

如果按照数的本来面目表现的话，rational number 与 irrational number 应该翻译成"比数"和"非比数"，但是实际上却是"有理数"和"无理数"，我们不得不感叹过去的日本数学家确实选择了一个很高明、很巧妙的语言。

回顾从毕达哥拉斯到现代的这段历史：在遥远的过去，分数曾经就是 rational（合理的，理性的）；而把"不是分数的数"看作 rational 的，却是不久之前的事情。

有理数和无理数，无论哪一个，都有"理"这个字，这一点十分重要。托这个"理"的语言的福，才使我们能够了解和体会数学和人类发展的脚步！那么，人类通过理性地面对那个曾经被毕达哥拉斯学派认为是非理性的、不得不加以排斥的数——无理数，而所获得的"理"究竟是什么，"无理"又是什么呢？

回答是"无限"。通过寻找出"无限"的这个"理"，导致我们给数赋予了"实数"（real number）这一光彩照人的名字。

2009 年 7 月 22 日的日全食

2009 年的 7 月 22 日是我们与日全食邂逅相逢的特别的日子。太阳就是生命的球体。圆形的太阳也像是孕育了圆周率 π 的母体一般。

◆ 日全食在"圆周率日"到访！

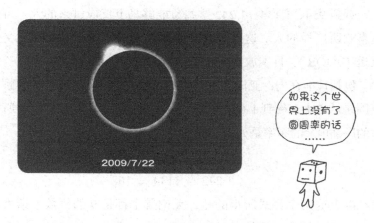

2009/7/22

如果这个世界上没有了圆周率的话……

听说在国外，人们在 3 月 14 日的"圆周率日"里，举办过这样的集会——用"如果这个世界上没有了圆周率……"这样的设想，来思考圆周率的作用。

说起来，白天太阳消失的那一天，就像是圆周率消失的日子。

如果，圆周率真的一直都是被隐藏存在的话，那么真的不知道现代文明会变成什么样子。天文学的发展也曾经是数学发展的巨大的源泉。于是，我一边回想着日全食的日期 7 月 22 日（7 分之 22）这一有理数，一边和大家一起回顾不断继续着合理地思考的人类所一路走来的历程。

AM广播的频率是9的倍数——数的岁时记之五

954、1 134、1 242 是什么数？

听到 954、1 134、1 242 这些数能够马上反应过来的人，可能是喜欢听广播的人。这几个数字分别是 TBS 广播（JOKR）、文化放送（JOQR）、日本放送（JOLF）的频率（千赫）。

包括日本在内，亚洲和大洋洲的 AM 广播[注17]，被分配的频率范围是从 531 千赫到 1 602 千赫。在这个范围里面，我们刚才所列举的广播电台的频率是如何分配到的？这意外地不为人所知。

$$1\ 134 - 954 = 180$$

$$1\ 242 - 1134 = 108$$

以上这两个算式所得的差，无论哪个都是 9 的倍数。请大家尝试计算一下自己所知道的任意两个 AM 广播频率的差。这个差一定是 9 的倍数。顺便说一句，东京的 NHK 第一放送[注18] 的频率是 594 千赫，NHK 第二放送的频率是 693 千赫。这二者之差，即

$$693 - 594 = 99$$

毫无疑问这个差是 9 的倍数。就像这样，AM 广播电台的频率是以 9 千赫为间隔进行分配的。这个间隔被称为"载波[注19] 间

注 17　AM 广播，即调幅广播，是一种利用振幅调变技术的广播方式。20 世纪主要的广播技术，至 21 世纪的现在仍然被广泛地使用。据统计，全世界约有 16 265 个调幅广播电台。

注 18　NHK 是日本放送协会，又称日本广播协会的简称，是日本的公共媒体机构。NHK 第一放送和 NHK 第二放送是 NHK 调频广播的两个主要频道。

注 19　载波是指被调制以传输信号的波形，一般为正弦波。

隔"。顺便说一下，因为最开始的频率 531 千赫是 $531 = 9 \times 59$，也是 9 的倍数，所以可以说 AM 广播电台的频率全部都是 9 的倍数。

$954 = 9 \times 106$

$1\,134 = 9 \times 126$

$1\,242 = 9 \times 138$

另外，9 的倍数的数字具有数字各位的和也是 9 的倍数的性质。

$954 \rightarrow 9 + 5 + 4 = 18$（9 的倍数）

$1\,134 \rightarrow 1 + 1 + 3 + 4 = 9$（9 的倍数）

$1\,242 \rightarrow 1 + 2 + 4 + 2 = 9$（9 的倍数）

计算一下 AM 调幅广播电台的频率的各位和，基本上都是 18 或 9 这样的 9 的倍数。

但是，只有一个和是 27 的台，这是哪个广播电台呢？想一下吧，答案是 NHK 第一放送（福山）的 999 千赫。

1978 年 11 月 23 日上午 9 点

我第一次知道"载波间隔"还是 1978 年的事情了。这一年的 11 月 23 日上午 9 点钟的时候，载波间隔从 10 千赫变成了 9 千赫。

也就是说，整个日本的 AM 广播电台的分配频率发生了变更。这对于广播电台来说是一件重大的事。因为广播电台的发射机的心脏部分发生了变化，所以对收听者来说，这是一生都不一定能遇到的一次珍贵的体验。

在我当时居住的山形县，山形放送（JOEF）的频率从 920 千赫变成了 918 千赫，为了迎接这一天所造成的轰动，我至今还记忆犹新。

这种感觉就像从地上波放送[20] 的模拟信号切换为数字信号，

注 20　日文的"地上波放送"，英文为 terrestrial television，中文又翻译为"地面电视"，是利用大气电波收发电视频号的传输方式之一，相对于卫星电视和有线电视，它又被称为无线电视。

伴随而来的频道编号的变更。

唯一不同的是地上数字电视放送是数字信号的，而 AM 广播是从模拟信号到模拟信号的切换。

在频率变更的那一瞬间，很多热爱广播的人们一起亲手转动调节旋钮，屏住呼吸将频率调整到新的频率。每当想象到这一情景时，心里总会感到一丝温暖。

幅度调制

从本质上来说，AM 广播的 AM 是幅度调制（Amplitude Modulation, AM）。如果简单地说明一下它的原理的话，就是把播音员的声音（数千赫，低频率）搭载在基础电波（高频率，载波）上，传送到远方的发送信号方法。

广播电台把由"调制"播音员的声音所得到的电波发送出去，收音机的收信机将这个电波接收下来进行"解调"，从而得到播音员的声音。所谓广播的频率指的就是这个载波的频率。

如前所述，整个日本的 AM 广播电台的频率是"以 9 千赫为单位"进行分配的。请看下面的图表，可以看出无一例外，无论哪个频率都是 9 的倍数。

千赫	广播电台	简称	千赫	广播电台	简称
531	NHK 第一（盛冈）他	JOQB	612	NHK 第一（福冈）	JOLK
540	NHK 第一（山形）他	JOJG	621	NHK 第一（京都）他	JOOK
549	NHK 第一（那霸）	JOAP	630	无	
558	Radio 关西	JOCR	639	NHK 第二（静冈）他	JOPB
567	NHK 第一（札幌）	JOIK	648	NHK 第一（富山）他	JOIG
576	NHK 第一（滨松）他	JODC	657	无	
585	NHK 第一（钏路）他	JOPG	666	NHK 第一（大阪）	JOBK
594	NHK 第一（东京）	JOAK	675	NHK 第一（山口）他	JOUG
603	NHK 第一（冈山）他	JOKK	684	IBC 岩手他	JODF

（续表）

千赫	广播电台	简称	千赫	广播电台	简称
693	NHK 第二（东京）	JOAB	972	无	
702	NHK 第二（广岛）他	JOFB	981	NHK 第一（佐世保）他	
711	无		990	NHK 第一（高知）	JORK
720	岐阜 Radio 他	JOZL	999	NHK 第一（福山）他	JODP
729	NHK 第一（名古屋）	JOCK	1008	ABC Radio	JONR
738	北日本放送	JOLR	1017	NHK 第二（福冈）	JOLB
747	NHK 第二（札幌）	JOIB	1026	NHK 第一（下关）他	JOUQ
756	NHK 第一（熊本）	JOGK	1035	NHK 第二（高松）	JOHD
765	山口放送他	JOPF	1044	无	
774	NHK 第二（秋田）	JOUB	1053	CBC Radio	JOAR
783	无		1062	IBC 岩手放送他	JODM
792	NHK 第一（名护）他		1071	STV Radio 他	JOWM
801	东北放送他	JOIO	1080	无	
810	AFN 东京	0	1089	NHK 第二（仙台）	JOHB
819	NHK 第一（长野）	JONK	1098	信越放送他	JOSR
828	NHK 第二（大阪）	JOBB	1107	南日本放送他	JOCF
837	NHK 第一（新泻）他	JOQK	1116	南海放送他	JOAF
846	NHK 第一（宇和岛）他		1125	NHK 第二（那霸）他	JOAD
855	无		1134	文化放送	JOQR
864	栃木放送他	JOXN	1143	KBS 京都	JOBR
873	NHK 第二（熊本）	JOGB	1152	NHK 第二（高知）他	JORB
882	STV Radio 他	JOWS	1161	NHK 第一（丰桥）他	JOCQ
891	NHK 第一（仙台）	JOHK	1170	无	
900	山阴放送他	JOHF	1179	MBS Radio	JOOR
909	STV Radio 他	JOVX	1188	NHK 第一（北见）	JOKP
918	山形放送他	JOEF	1197	熊本放送	KOBF
927	NHK 第一（福井）	JOFG	1206	无	
936	宫崎放送他	JONF	1215	KBS 京都他	JOBW
945	NHK 第一（德岛）他	JOXK	1224	NHK 第一（金泽）	JOJK
954	TBS Radio	JOKR	1233	长崎放送他	JOUR
963	NHK 第一（青森）他	JOTG	1242	日本放送	JOLF

（续表）

千赫	广播电台	简称	千赫	广播电台	简称
1251	无		1431	山阴放松他	JOHL
1260	东北放送	JOIR	1440	STV Radio	JOWF
1269	四国放送他	JOJR	1449	西日本放送	JOKF
1278	RKB Radio	JOFR	1458	茨城放松他	JOYL
1287	HBC Radio	JOHR	1467	NHK 第二（宫崎）他	JOMC
1296	NHK 第一（松江）	JOTK	1476	NHK 第二（饭田）他	
1305	无		1485	Radio 日本 他	JORL
1314	Radio 大阪	JOUF	1494	山阳放送他	JOYR
1323	NHK 第一（福岛）他	JOFP	1503	NHK 第一（秋田）他	JOUK
1332	东海 Radio	JOSF	1512	NHK 第二（松山）他	JOZB
1341	NHK 第一（水俣）他		1521	NHK 第二（滨松）他	JODC
1350	中国放送	JOER	1530	栃木放送	JOXF
1359	NHK 第二（丰桥）他	JOCZ	1539	NHK 第二（德之岛）他	
1368	NHK 第一（高松）他	JOHP	1548	无	
1377	NHK 第二（山口）他	JOUC	1557	和歌山放送他	JOVN
1386	无		1566	无	
1395	AM 神户 他	JOCE	1575	AFN 岩国	
1404	静冈放送他	JOVR	1584	NHK 第一（岛原）他	JOBG
1413	KBC Radio	JOIF	1593	NHK 第二（新泻）他	JOQB
1422	无		1602	NHK 第二（北九州）他	JOSB

　　在广播世界里，虽然最近开始有了对应于互联网的网络广播，但我还是喜欢用手转动收音机旋钮的感觉，以及伴随着调节所产生的微妙的声音的变化。这些都是数字化之后所绝对体会不到的"美好感觉"。

　　节目的内容有手工制作感，也多多少少有点模拟信号的感觉。时不时，调节并收听 AM 广播，由此来重新认识模拟信号的好处，这也许还真是一种很不错的体验呢！

神秘的数字12——数的岁时记之六

天才数学家和神秘数字

注意到 12 的神秘性的数学家是拉马努金[注21]（1887—1920）。拉马努金是生于印度的天才数学家。他被称为"印度的魔术师"，在 33 年的短暂生涯中发现了 3 254 个数学公式。

拉马努金是一位拥有超常的计算能力的人，这位在数学历史上铭刻下自己的名字的印度天才，曾经与 12 的力量不期而遇。

曾经有一次，把拉马努金选拔出来的剑桥大学的数学家哈代[注22]，对躺在病床上的拉马努金说道："1 729[注23] 是个无聊的数字呢。"

病床上的拉马努金一跃而起，"哈代老师，1 729 是一个非常有趣的数字呀！"他反驳道。"为什么呢？"哈代问道。对此拉马努金不假思索地回答道："1 729 是两个三次方的和，是可以用两个三次方来表现的最小的整数。"

注 21　拉马努金（Srinivasa Aiyangar Ramanujan，1887—1920），印度数学家。他没受过正规的高等数学教育，沉迷数论，尤爱牵涉 π、质数等数学常数的求和公式，以及整数分拆。他惯以直觉（或者是跳步）导出公式，不喜证明（事后往往证明他是对的）。他留下的那些没有证明的公式，引发了后来的大量研究。1997 年，《拉马努金期刊》创刊，用以发表有关"受到拉马努金影响的数学领域"的研究论文。

注 22　戈弗雷·哈罗德·哈代（Godfrey Harold Hardy, 1877—1947），英格兰数学家，在数论和数学分析的成果最为人所道。他与拉马努金是很亲密的朋友。有人问及哈代认为自己对数学最大的贡献为何，他答"是发现了拉马努金"。

注 23　哈代所说的 1 729，其实是他所乘的出租车的车牌号码，在他看来没有什么意义。拉马努金的回答却是本书所记录的那句名言，其意思就是 1 729 $= 10^3 + 9^3 = 12^3 + 1^3$，后来这类数被称为"的士数"，而 1 729 更被称为"哈代—拉马努金数"。

◆ 1 729 很有趣！

$$1\,792=10^3+9^3=12^3+1^3$$

> 居然能想到这样的式子，真厉害！

确实，$10\times10\times10=1\,000$、$9\times9\times9=729$、$12\times12\times12=1\,728$、$1\times1\times1=1$ 等，所以上面的等式是成立的。对于能够马上判断出"1 729 是最小的"的拉马努金，我们只能说一句"了不起"。

哈代在之后的传记中写道："拉马努金和所有的自然数都是好朋友"。这实在是一种绝妙的形容。

◆拉马努金发现的公式

$$(6a^2-4ab+4b^2)^3+(3b^2+5ab-5a^2)^3=(6b^2-4ab+4a^2)+(3a^2+5ab-5b^2)^3$$

将 $a=\dfrac{3}{\sqrt{7}}$，$b=\dfrac{4}{\sqrt{7}}$ 代入的话，就可以出现 $10^3+9^3=12^3+1^3$！

拉马努金发现了上面的公式。

这个公式可以被称为对任何 a、b 的数字都成立的恒等式。确实在这个公式里面出现了 $10^3+9^3=12^3+1^3$。

或许从这个公式里面拉马努金推算出了关于 1 729 的颇有意思的性质。这个谜题的钥匙可以在拉马努金的重要成就"拉马努金的 ζ（泽塔）函数"中找到。

接下来又是难懂的公式，不擅长的人只是略读一下也没有问题。从现在开始登场的公式，哪怕只是氛围也好，请大家去感受它们。

关于这个拉马努金的 ζ（泽塔）函数，拉马努金曾经喃喃自语过一个猜想。这个猜想被称为"拉马努金猜想[注24]"，它的内容极度困难，从发现以来，直到将近 60 年以后的 1974 年才由德利涅[注25]（Deligne）戏剧性地给出了证明。

◆ *所谓拉马努金的* ζ *（泽塔）函数是……*

表示为 $$\zeta\,(s) = \sum_{n=1}^{\infty} \frac{t(n)}{n^s}$$

这里的 $t(n)$ 是满足

$$\Delta\,(z) = q \prod_{n=1}^{\infty} (1 - q^n)^{24} \stackrel{\infty}{\underset{n=1}{=}} \sum t(n) q^n (q = e^{2\pi i z})$$

的数列。拉马努金对 $t(n)$ 进行了很多的计算。

$t(1) = 1,\ t(2) = -24,\ t(3) = 252,\ t(4) = -1472,\ \cdots\cdots$
$t(10) = -115\,920\cdots\cdots,$

希望大家注意的是下一页的这个式子。

注 24　拉马努金猜想，又称拉马努金—彼得森猜想（Ramanujan–Petersson conjecture），1916 年由印度数学家拉马努金提出，1930 年经德国数学家汉斯·彼得森发展成为拉马努金—彼得森猜想，而于 1974 年为比利时数学家德利涅所证明。

注 25　皮埃尔·勒内·德利涅子爵（Vicomte Pierre René Deligne，1944— ），非常有影响力的比利时数学家，其最重要的贡献之一是 20 世纪 70 年代关于韦伊猜想的工作。

◆ **拉马努金的 Δ（delta）**

$$\Delta\left(\frac{az + b}{cz + d}\right) = (cz + d)^{12}\ \Delta(z)$$

$$\Delta(z) = \frac{E_4(z)^3 - E_6(z)^2}{1\,728}$$

在拉马努金的 ζ（泽塔）函数里面登场的 Δ 的公式，如上所示。在这里出现了 12。不仅如此，这个 Δ(z) 满足上面的关系式。其分母 1 728 不是别的，正是我们刚才看过的 $12 \times 12 \times 12$。拉马努金关于背后有着 12 支持的发现，震撼了 20 世纪的数学界。

◆ **拉马努金的信里面有 12**

$$1 + 2 + 3 + 4 + 5 + 6 + 7 + 8 + 9 + 10 + \cdots\cdots = -\frac{1}{12}$$

……说起来，拉马努金在 1913 年 1 月 16 日给剑桥大学的哈代所寄出的第一封信里也有 12。请看上面的图。

拉马努金是在自豪地报告拉马努金 ζ（泽塔）函数的相关计算结果 [ζ(-1)]。也就是说，拉马努金在 20 世纪初踏上了欧拉在 18 世纪所曾经走过的旅程。

所谓 ζ（泽塔）函数，是在加法计算的延长线上存在的东西。

将 1+2+3+4+5+6+7+8+9+10=55 这样的加法计算进行无限的持续加法计算，并且，将计算数字的范围从实数扩展到复数，是 ζ（泽塔）函数的要点。拉马努金通过这个加法计算，发现了 12。

哈代对病床上的拉马努金继续问道："拉马努金，如果是四次方的话，这样的数会是多少呢？"

经过一番考虑的拉马努金回答道："哈代老师，那将会是一个非常大的数。"

拉马努金的判断是正确的。因为我们用后世的计算机计算后，知道了这个答案是 635 318 657。

◆拉马努金预测到这是一个"非常大的数字"

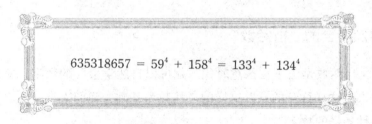

$$635318657 = 59^4 + 158^4 = 133^4 + 134^4$$

无处不在的 12

音乐里面有十二平均律[注26]。

日本传统服装里面有十二单衣[注27]。

佛教的十二因缘是对人类在过去、现在、未来里流转轮回进行说明的 12 种因果关系。

注26 十二平均律，又称十二等程律，是一种音乐律制，它把一个音阶分为十二个相等的半音，使各相邻两律间的频率差都是相等的，故称十二平均律，为今日最主要之调音法。

注27 日本女性传统服饰中最正式的一种。于平安时代的 10 世纪后开始作为贵族女性的朝服，现代在一些场合是正式礼服，又称女房装束或五衣唐衣裳。

一打是 12 的单位。

时钟是 12 小时走一圈。

一年是 12 个月。

星座[注28] 和干支都是 12。

什么都是 12。

一概而论地说，总是出现 12。毫无疑问，一定还有着更多的 12。

我们被 12 的神秘所支配着、包围着，生活在这个世界上。

不断扩展的数字世界

自然学会的 "自然数"

自然数是由于在孩童时代 "就可以自然学会" 的数字，所以被人们这样称呼的。以这样的自然数为基础，我们人类又想出了各种各样的数字。

文明的发展，伴随而来的是新的数字不断登场。土地的测量、商业产生的金钱的收支计算、天文学的观测等，都决定了这里需要数字。

零、负数、分数，还有小数，数字在世界各地逐渐发展起来。有趣的是小数的使用在中国是从公元前开始的，即使是在日本也是从奈良时代就开始了。而欧洲使用小数直到公元 16 世纪才开始。

注 28　这里指黄道十二星座或者黄道十二宫。现代天文学将全天分为 88 个区域，每一个天区就是一个星座，故笔统说星座，应该是 88 个。

无理数、四元数、八元数……

进入 18 世纪以后，数字的世界急速地发展起来。"实数"的全貌开始变得明确了起来。

表示为两个整数的比的分数是"有理数"，有限小数和循环小数也称为有理数。与之相反，无限不循环小数称为"无理数"。

实际上在古希腊时代，就有关于有理数不能表达的数的存在性的讨论，在 18 世纪终于得到了数学上的证明。

我们大家平时的生活里并不会轻易出现无理数。但是如果考虑到圆周率和黄金比的话，更有一种它们就在身边的感觉。

无理数的粉墨登场使得数轴上的所有的点都可以用数字来表示了。于是，数字世界跳跃出了直线的范畴，开始向平面扩展。高斯的"复数"（二元数）的发现，然后，四元数（哈密顿数[注29]），八元数（凯利数[注30]）的发现还在不断继续。虽然我们可以证明，数字世界的分类构成也就到此为止了，但是人类对于数字的探究之心，好像永远都不会结束。

注 29　四元数是由爱尔兰数学家威廉·卢云·哈密顿（William Rowan Hamilton, 1805—1865）于 1843 年发现的数学概念，故也称为"哈密顿数"。四元数是复数的不可交换延伸。如把四元数的集合考虑成多维实数空间的话，四元数就代表着一个四维空间，相对于复数为二维空间。

注 30　八元数是四元数的一个非结合推广，由英国数学家阿瑟·凯利（Arthur Cayley，1821—1895），在 1845 年独自发表，故也称为"凯利数"。

◆人类将数字的世界扩展了

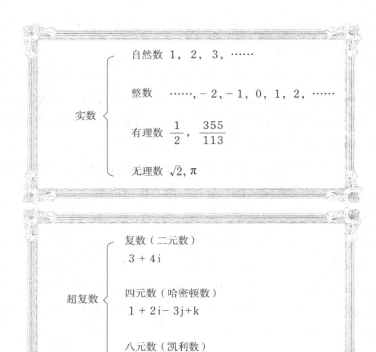

实数
- 自然数 1，2，3，……
- 整数 ……，－2，－1，0，1，2，……
- 有理数 $\dfrac{1}{2}$，$\dfrac{355}{113}$
- 无理数 $\sqrt{2}$, π

超复数
- 复数（二元数）$3+4i$
- 四元数（哈密顿数）$1+2i-3j+k$
- 八元数（凯利数）$1+2i-3j+4k+5l-6m-7n+8o$

整数是由神创造的，而其他的数是由人类的手创造出来的。

克罗内克
（1823—1891）

一定还会发现新的数字呢。

无限尽头的无限

最大的数字是多少？

日本人可能是在浴池里边交流边记住数字的吧。1、2、3、4、5、6、7、8、9、10。

自然数是从1开始，2、3……会永远继续下去的数字。人们无论是谁，都会有一天，领悟到它是没有完结的，并且学习到"无限"这个词。

爸爸："数位有个、十、百、千、万、亿、兆，对吧。那么下一个数位是什么呢？"

儿子："知道呀，是京！"

爸爸："答对了。还真知道呀。那么，最大的数字是什么呢？"

◆请看！江户时代的数学教科书《尘劫论》

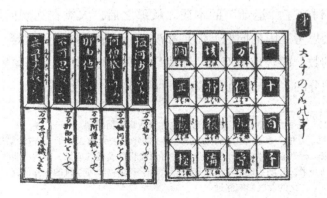

儿子："是无限吧。"

爸爸："对了，京、垓，之后接下来就是无量大数了呢。无量大数所说的无限是如何的大呢？"

儿子："应该是非常大非常大的吧。"

爸爸的发言里面，很遗憾，存在数学上的错误。

到底是哪里错了呢？

话说在江户时代孩子们在寺子屋里面学习读书、写字、打算盘。江户时代的大畅销书《尘劫记》里面记载了数数的基本知识。

江户时代的孩子都很清楚地知道，无量大数是 10^{68}（1 的后面的 0 是 68 个）。

也就是说，刚才的这位爸爸把作为数位的一种的"无量大数"和"无限大"这个概念混淆了。

只是，江户的数学家们，其实也并不知道爸爸所知道的"无限大"。很大很大的数，但是无论是多么大的数，都不能从这种描述中找到没有完结的数字的意思。从这一点上来说，可以说江户时代的孩子也好，现代的爸爸也好，都没有知晓无限大的本质。

人类一直在不断思考无限的事情。

在古代希腊毕达哥拉斯证明了"三平方定理"[注31]，亚里士多德[注32] 讨论了"运动"的本质。从那之后，人类在遇到问题时，也就会思考无限的问题，但是都没有能够成功地找到超越"很大很大的数"的合理的理论。即使是发明了与无限关系最紧密的微分、积分的牛顿与莱布尼茨，一直到欧拉，都没有做到。

注31 三平方定理就是勾股定理，也称毕达哥拉斯定理。

注32 亚里士多德（Aristotle，公元前 384 年至公元前 322 年），古希腊哲学家、逻辑学家，科学家。他总结了泰利斯以来古希腊哲学发展的成果，首次将哲学和其他科学区别开来，开创了逻辑学、伦理学、政治学和生物学等学科的独立研究，其学术思想对西方文化的发展影响深远。

这一时刻终于来临了

1891 年，数学家康托尔（1845—1918）的眼睛终于成功捕捉到了来自"无限"的前方所射过来的光芒。在无限之后，自然数可以分为奇数和偶数，那样的话，自然数中的偶数和自然数，哪一方的数字更多呢？

如果只考虑到 10 为止的自然数的话，那么其中的偶数是 2、4、6、8、10 这 5 个，也就是 10 个自然数的一半。

但是，如果是考虑拥有无限的自然数的话，事情就会突然改变了。任何自然数都有与之对应的 2 倍的偶数，所以偶数和自然数应该是拥有同样多的数。

我们在前面第二部分的"无限也有大小？"一节里面也进行过说明，在有限的范围里面存在一半的关系，而如果是无限的话，就不是这种情况了。与此相同，这种结论对于有理数（分数）也是成立的。由于有理数是插入自然数之间的数字，所以，人们自然而然会觉得它比自然数要少。

但是，所有的有理数和所有的自然数是一一对应的关系，这一情况已经得到了明确。也就是说，有理数和自然数也有一样多的无限个。

正确地来说，对于无限的数，不能够用"个数"来考虑，而如果用"浓度"这样的方式来想的话，就好理解了。

对于无限的数，"不用个数而是用浓度来比较"的思考方式，是康托尔所想到的。在这里我们需要的是集合论[注33]。在集合论里，康托尔推导出了令人惊愕的结论。

注 33　集合论，数学的一个基本的分支学科，研究对象是一般集合。集合论在数学中占有一个独特的地位，它的基本概念已渗透到数学的所有领域。

　　最终，我们知道了自然数的无限是浓度最小的无限，并且还存在比它更大的无限这一事实。这个更大的无限就是包括无理数在内的实数。也就是说，自然数和实数并不成立一对一关系的情况，这个结论已经得到了明确。

　　自然数的无限的浓度称为 $\aleph_0$（Aleph 0），而实数的无限的浓度是用 $\aleph$（Aleph）。

　　让我们以数轴上某一点为例来试着说明一下。请看下一页的图。点如果满满地铺在数轴上，我们会得到一条直线，可是如果只有自然数的无限个（Aleph 0）点的话，直线就会变得"稀稀拉拉，充满了空隙"，不能形成一条连续的直线。

　　接下来把更大的无限个（Aleph）点铺上去的话，空隙终于消失了，可以得到一条直线。这就是实数。

◆ **数轴是怎样成为一条连续的直线的**

自然数和整数在数轴上是稀疏分布的

在数轴是有可数无穷个点

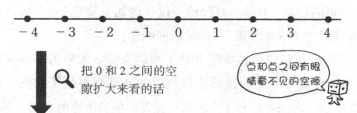

把 0 和 2 之间的空隙扩大来看的话

点和点之间有眼睛看不见的空隙

有理数（分数）在数轴上是稠密分布的

在数轴上有可数无穷个点

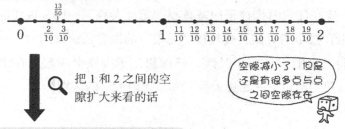

把 1 和 2 之间的空隙扩大来看的话

空隙减小了，但是还是有很多点与点之间空隙存在

实数在数轴上是连续分布的！

在数轴上有非可数无限个点

$\sqrt{2} = 1.414\cdots\cdots$　无理数

$\sqrt{3} = 1.732\cdots\cdots$　无理数

点和点之间的空隙没有了，变成直线了！

无限也有大小两种，并且还有更大的无限存在，这令人吃惊的事实得到了证实。

数学是无限的科学

和康托尔生于同一时代的、以"庞加莱猜想"[注34] 而著名的数学天才亨利·庞加莱[注35] 的话语回响起：

"在康托尔以后，数学开始了新的发展。无限的描述成为可能的集合论的建立，使得所有数学的基础都得到了加固。仅在119 年前，人类才打开了'无限'世界的那扇沉重的大门。从'无限'世界降落而来的光芒持续照耀着'有限'的世界，数学世界在持续不断地得到深化。"

像在江户时代孩子们被教授"无量大数"一样，现代的孩子们也在很小的时候就被教授"无限"的概念，这样的时代有一天也会到来吧。在那个时候，爸爸和儿子应该会一起坐在浴池里面，热烈地讨论"无量大数"和"无限大"的区别。

注 34　庞加莱猜想，属于代数拓扑学领域的具有基本意义的命题，最早是由法国数学家庞加莱提出的，是克雷数学研究所悬赏的数学方面七大千禧年难题之一，2006年被确认由俄罗斯数学家格里戈里·佩雷尔曼最终证明。

注 35　亨利·庞加莱（Jules Henri Poincaré，1854—1912），法国最伟大的数学家之一，理论科学家和科学哲学家。被公认是 19 世纪末和 20 世纪初的领袖数学家，是继高斯之后对于数学及其应用具有全面知识的最后一个人。

9的（9的9次方）次方到底有多大？

那里有数，所以我们数数

无限，有大小两种无限。人类注意到这样单纯的事实花费了数千年的时间。

那里有山，所以我们爬山。

那里有海，所以我们潜海。

为了实现那单纯的梦想，我们曾经倾注了多少努力啊。

然后，人类因为那里有数而去数数。

数和山与海一样。一步步，一点点，我们好像是以高处和深处为目标进行着挑战一样，只有通过一次一次的计算，来接近那些数，除此以外别无他法。山有登山的方法，海有潜海的方法，而对数字来说要想遍历数字也需要技术。

距今百年以前，人类为了看到"无限"而建筑了高台并得到了望远镜。这些技术如果用在比"无限"远远小得多的"有限数"身上，也能够派得上用场吗？

"无限都能够达到了，那对于比无限低得多的有限来说，那还不是轻而易举的吗？"

读者们大概会这么想吧。但其实却恰好相反。

有限是比我们的想象更高而且更深的东西。在它的残酷性的面前，研究者们曾经停滞不前。就像人们虽然征服了珠穆朗玛峰，但也不是谁都可以轻易地登上富士山一样。就像在可以到达数千米深的深海的现在，也会有人在只有一米的水里面溺水而亡一样。

大数的表示方法

在这里介绍一个有限的数字。

它就是"葛立恒数[注36]"。它拥有有限的大小，是毋庸置疑的自然数。尽管如此，这个数却是耸立在看不到顶端的高度上的巨大的数字。虽然在这个高大的葛立恒数面前，我们就连天空也看不到，但是想要在它的山腰上站立的话，我们只需要一些训练就可以做到。

那么，如何表达大数？ 如果只用 3 个数字，我们所能表达的最大的数字是什么呢？

答案是9^{9^9}，也就是 9 的（9 的 9 次方）次方。不使用符号来表达大数的方法是"指数"。光的速度是约 3.0×10^8 米每秒，电子的重量是约 9.1×10^{-31} 千克，像这样在科学的世界里面，表达很大的数或很小的数的时候会使用"指数"。

那么，这个值到底是多大呢，我们来尝试计算一下。首先从"9 的 9 次方"开始。用计算器来计算一下看看。

$9^9 = 9 \times 9 \times 9 \times 9 \times 9 \times 9 \times 9 \times 9 \times 9 = 387\ 420\ 489$

变成了一个九位数。

接下来计算9^{9^9}。请看下面这个图。

注 36 葛立恒数由美国数学家葛立恒提出，被视为现实在正式数学证明中出现过的最大的数。它大得连科学记数法也不够用。葛立恒数最尾端的 10 位数字为…2 464 195 387。

◆试着计算一下 9 的（9 的 9 次方）次方吧

$$9^{9^9} = 9^{(9^9)} = \underbrace{9 \times 9 \times 9 \times 9 \times 9 \cdots \cdots 9 \times 9 \times 9 \times 9}_{9 \text{变成了 } 9^9 \text{个} \rightarrow 387\,420\,489 \text{个!}} = ?$$

必须用计算器重复输入 387 420 489 次 9。这已经是用计算器不能进行的计算了。

如果是用计算机来计算机一下会怎么样呢。实际上即使是计算机这也是超越其能力的计算。用最新的数学软件 Mathematica 来进行 9^{9^9} 的计算的话，会得出"计算中发生了溢出"，也就"批评"我们说已经超越了可以计算的范围了。

◆数学软件也不能计算出来!

```
In[1]:=

    9^9^9
    General::ovfl: 计算中发生了溢出。>>
Out[1]=
    Overflow[ ]
```

有趣的是，在没有现代计算机的 1906 年，9^{9^9} 的位数曾被计算过，其结果是"369 693 100 位"。假设一张 A4 纸可以写 2 000 个文字的话，记录这个计算结果就需要 134 846 张 A4 纸。

对 9^{9^9} 实际进行计算的话（用十进制表示），不是一件容易的事情。然而，这个实际上很难计算的大数，却可以由"指数"的功能表示出来。

在这个基础上，让我们开始对"葛立恒数"的挑战吧。

吉尼斯世界纪录也收录的"葛立恒数"

作为最大的有意义的自然数，收录在 1980 年的吉尼斯世界纪录里的，正是这个"葛立恒数"。

这个数是在图论里面登场的一个数字，而图论变得有名，就是因为我们之前讨论过的"四色问题"。

虽然说，图是由点和线所组成的，但是在图论里面经常会有一些很大的数字出现。"葛立恒数"是由于与"葛立恒问题"相关而出现的。虽然不是很容易懂，简单地说"葛立恒问题"就是下图所讨论的问题。

◆ 葛立恒问题

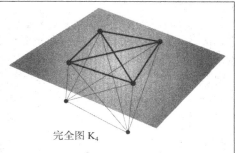

考虑一个所有顶点之间都是由两种不同颜色的线所连接的 n 次超立方体。在这种情况下，n 如果在某个数 N 以上的话，存在同一平面上的所有边的颜色都是同一颜色的完全图 K_4。

完全图 K_4

"葛立恒问题"的答案 N 直到今天也还没能知道它的正确值。但是葛立恒成功地求得了 N 的界限。"葛立恒问题"的答案 N 是葛立恒数 G_{64} 以下的数。

于是，在我们的面前，历史上空前巨大的数字"葛立恒数"出现了。像我们从 9^9 的例子里所知道的，当表达很大的数的时候，"指数"是有效的。然而对于"葛立恒数"来说，"指数"也失去了作用。代替"指数"的是新的符号 ↑（塔）[注37]。这真的是用来表现那种耸立的样子的再合适不过的一个符号了。让我们来看一下这个攀登"葛立恒数"所需要的新装备。

要认真地说明塔数规定的话是有点费劲的。更重要的是，我们要理解，它是一个可以表达比指数远远大得多的数的一个符号，让我们通过一个具体的例子来进行说明。

请看下面的图。

◆ **表现巨大数的塔**（↑）

$$3 \uparrow 1 = 3$$
$$3 \uparrow 2 = 3^2 = 3 \times 3 = 9$$
$$3 \uparrow 3 = 3^3 = 3 \times 3 \times 3 = 27$$
$$3 \uparrow 4 = 3^4 = 3 \times 3 \times 3 \times 3 = 81$$

如图所示，一根塔 ↑ 就意味着一个指数的计算。接下来，把等号左侧、塔号后面的数 1、2、3、4……这样一直增长，如果增长到 $3 \uparrow 3$ 的话，那么就增加一根 ↑，变成了 ↑↑。这就是 3 ↑

注 37　塔号表示法，也称为"高德纳箭号表示法"，由美国著名计算机科学家高德纳于 1976 年设计。它的意念来自幂是重复的乘法，乘法是重复的加法。

$(3 \uparrow 3) = 3 \uparrow \uparrow 3 = 3^{3^3} = 3^{27}$ 等于 7 625 597 484 987（13 位），于是，9^{9^9} 可以用 $9 \uparrow \uparrow 3$ 来表示。

现在让我们来看一下两根塔 $\uparrow \uparrow$ 的例子吧。尽管还只是攀登"葛立恒数"这座高峰刚开始的阶段，我们就已经遇到了一些非常大的数字了。

为什么这么说呢？因为这个宇宙所存在的全部的粒子大概有 10^{80} 个这么多，如果我们将每一个基本粒子都作为一个数字来印刷出来的话，也只有 10^{80} 的数可以印刷出来。将 3.6 兆个 3 进行乘法计算的数字 $3 \uparrow \uparrow 5$，几乎是在整个宇宙都不能完全展开的巨大的数字。

◆ 3 兆个以上的 3 的乘法计算！

$$3 \uparrow \uparrow 4 = 3^{3^{3^3}} = 3^{7625597484987} = \bigcirc\bigcirc \cdots\cdots \bigcirc\bigcirc \quad (\text{约 3.6 兆位})$$

有 4 个 3

约 3.6 兆位

$$3 \uparrow \uparrow 5 = 3^{3^{3^{3^3}}} = 3^{\bigcirc\bigcirc \cdots\cdots \bigcirc\bigcirc} = ?$$

有 5 个 3

让我们加快脚步。$3 \uparrow \uparrow 5$、$3 \uparrow \uparrow 6$、$3 \uparrow \uparrow 7$……，直到增长到 $3 \uparrow \uparrow (3 \uparrow \uparrow 3)$ 这样大的时候，塔 $\uparrow$ 再增加一根，变成了 $3 \uparrow \uparrow \uparrow 3$。

◆变成了整个宇宙都不能展开的大小！

$$3\uparrow\uparrow(3\uparrow\uparrow3)=3\uparrow\uparrow\uparrow3=\underbrace{3^{3^{3^{\cdots3^{3}\cdots3^{3^{3}}}}}}_{\text{3有}3\uparrow\uparrow3=3^{3^{3}}\ =\text{约}7\text{兆个}}$$

$$3\uparrow\uparrow\uparrow4=\underbrace{3^{3^{3^{\cdots3^{3}\cdots3^{3^{3}}}}}}_{\text{3有}3\uparrow\uparrow\uparrow3\text{个}}$$

$$3\uparrow\uparrow\uparrow5=\underbrace{3^{3^{3^{\cdots3^{3}\cdots3^{3^{3}}}}}}_{\text{3有}3\uparrow\uparrow\uparrow4\text{个}}$$

$$3\uparrow\uparrow\uparrow6=\underbrace{3^{3^{3^{\cdots3^{3}\cdots3^{3^{3}}}}}}_{\text{3有}3\uparrow\uparrow\uparrow5\text{个}}$$

接下来，$3\uparrow\uparrow\uparrow7$、$3\uparrow\uparrow\uparrow8$、$3\uparrow\uparrow\uparrow9$……，直到增长到$3\uparrow\uparrow\uparrow(3\uparrow\uparrow\uparrow3)$的时候，又增加一根，就变成了$3\uparrow\uparrow\uparrow\uparrow3$。

到此为止，$3\uparrow\uparrow\uparrow\uparrow3$与$3\uparrow\uparrow\uparrow3$相比，到底大多少，我感觉找不到可以用来说明的语言。很，非常，巨大的，超级，广大的，不可思议的，深不可测的，即使像这样的词汇，在$3\uparrow\uparrow\uparrow\uparrow3$的面前也丝毫不起作用。我们所知道的表现大的很多的词语，它们的增长方式都是一定的。亿之类的无量大数也好，M（mega，兆）、G（giga，吉）、T（tera，太拉）……Y（yotta，尧它）也好，也是以各自4位、3位为增幅，增长方式是一定的。我们可以将这种增长方式称为算术式的增长。

所谓算术式增长，就是马尔萨斯[注38]的人口论[注39]"相对于算术级数增加的粮食增长，人口却是几何级数的增长"所提到的"算术级数"。几何级数式指的是指数函数式意思，简单地说，可以称为爆炸式的增长。在从宇宙大爆炸，到人口增加、细胞分裂等自然现象的说明里面都会发现"指数函数式"的描述。

与此相对，塔数应该被称为实现"指数函数的指数函数式的"增长方式的函数。对于这样的增长方式我们在身边找不到相对应的说明语言，也可以说是理所当然的吧。

尽管有些匆忙走马看花的感觉，但是我们至此终于站到了通往"葛立恒数"的入口前了。现在开始寻找能够让我们一举潜入入口并登上高峰眺望风景的关键。

逼近葛立恒数 G_{64}

塔数的特征是只要 ↑ 增加一根，数字就会变得不可想像地巨大。但是，即使是这样也还是不能够达到葛立恒数。这就需要我们更进一步。具体来说就是需要考虑把塔 ↑ 的根数，以塔数的方式来进行增加。将 $3 \uparrow \uparrow \uparrow \uparrow 3$ 作为 G_1，G_2 就是 3 和 3 之间的 ↑ 有 G_1 个那么多根，G_3 是 3 和 3 之间的 ↑ 有 G_2 根，而 G_4 是 3 和 3 之间的 ↑ 的数量有 G_3 根，如此这般，↑ 以塔数方式不断堆积增长。

注38　托马斯·罗伯特·马尔萨斯（Thomas Robert Malthus，1766—1834），英国人口学家和政治经济学家，以其政治经济学和社会科学方面的著作，尤其在人口原理上和论断，使他在知识界久负盛名。

注39　马尔萨斯的人口论认为，人口的增殖比生活资料的增长要快：人口以几何级数率增加，而生活资料只以算术级数率增长，因而人口的增长必有超过生活资料的增长的趋势。

◆ **通往葛立恒数的道路①**

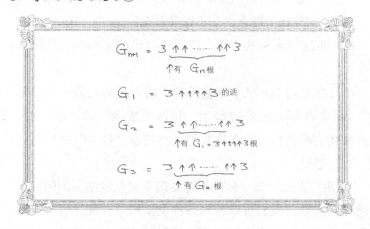

这样的步骤进行了 **63** 次的重复以后，就到达了 G_{64}。这就是"葛立恒数"。在我们现有的语言里，没有可以描述葛立恒数的大小的词语。哪怕是对于在到达葛立恒数之前的阶段所出现的数字来说，如果想要将它计算出来并表现出其所有结果的话，就已经会让人觉得整个宇宙都显得过于狭小而变得捉襟见肘了。

◆ **通往葛立恒数的道路②**

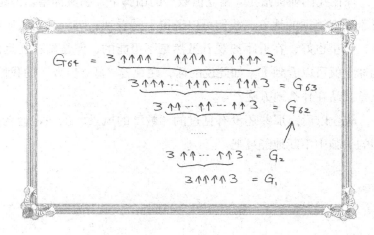

"数字"这样的文字被印刷出来，才是可以看到的东西。但是，"数"本身是个概念，并不存在形态。

我们将这个无形的"数"映射到自己的头脑中，从而可以看到它。

在只有不到140亿个细胞所构成的人类的大脑中有"葛立恒数"。在思考巨大数的过程中，超越"数字"的"数"的风景，逐渐在我们眼前掠过。也许我们是在超越"数字"之后，才首次与"数"遭遇。

"无限"在比"葛立恒数"还要遥不可及的地方闪闪发光。通过眺望巨大数，我们可以看到一种全新的"有限"与"无限"的风景。其实，以往当我们说出"无限"这个词的时候，恐怕基本上没有伴随着什么实际的感受吧。

甚至也许，我们只是将那些想不明白的东西，简单地使用"无限"这个词来进行表达。

"葛立恒数"这个巨大的数正确地告诉了我们，我们是在什么地方开始茫然失措、失去方向的。

现在我们确实站在"葛立恒数"的山脚下，抬头仰望。但是，对于那么遥远的地方，我们可以说得上是看到它吗。其实太阳也好，星星也好，在近距离观看虽然是不可能的，但是站在遥远的地球上就可以看到了。如此说的话，注视着"葛立恒数"的我们，究竟又站在什么地方呢？

从今以后，那些还没有见过的"数"的风景，也一定会在我们的头脑中不断地经过吧。

◆ 数学家科瓦尔[注40] 的充满浪漫的名言！

> 　　数学家的铅笔，比显微镜，甚至比望远镜，能看到更远更深的世界。即使是显微镜或望远镜也看不到的原子或是最遥远的河外星系，对那支铅笔来说，都是可以够得到的世界。
>
> 　　　　　　　　　　　　　　　　数学家科瓦尔

"数" 真的是十分壮观呢！

注40　科瓦尔（Kowal），波兰数学家。

数学家冈洁的感人故事

冈洁（1901—1978）
以多变量解析函数论而留下了世界性的功绩

数学是生命的燃烧！

"数学是用生命的燃烧所创造出来的。"

1960 年，在日本的文化勋章颁奖典礼上，对昭和天皇说出了上述话语的，正是数学家冈洁[注41]。

冈洁由于开拓了多变量解析函数的新天地，而被世界所承认。我对于冈洁的话语非常喜爱。这句话可以说是冈洁对于作为数学家的自己的生命意义的一个精彩描述。

冈洁从 20 世纪三四十年代，将"多变量解析函数"的重要的悬而未决的问题，干净利落地解决了。对于孤高的研究者冈洁来说，数学就是指引其到达生命根源的路标。

注41　冈洁（1901—1978），日本数学家。他一生正式发表了 10 篇论文，而且都是和多变量解析函数有关的。他是这个领域重要贡献者，因而在日本获得学士院奖（颁给学术成就卓越人士）、朝日文化奖（朝日新闻系统设立的文化奖）及文化勋章（由日本天皇颁给对文化发展有卓越贡献的人士）。

数学的目标是在真实中的和谐，艺术的目标是在美中的和谐。

《春宵十话》，冈洁 著

冈洁说，数学也好，艺术也好，找出藏在深处的和谐，正是我们的目标。这个作业的过程，是一个只凭借个人的内心的明灯，在黑暗中持续徘徊往复的过程。在他最终到达的数学的和谐花园里面，前人未见过的风景展现在了他的面前。

于是，接下来，冈洁将目光投向了自己内在的生命根源，以及包围着自己的全世界的连接处。1949 年他就任了奈良女子大学的教授，以加深对女子教育的关心为开端，对日本和日本民族的将来表示忧虑，并不断地进行"日本所存在的问题的本质是教育"这样的发言。

我不得不认为，日本民族现在就站在灭绝的悬崖边上。不只如此，从整个世界来看，也必须说人类并没有停止演奏葬礼进行曲。在这种情况下，也许会觉得为什么还要说教育这种不切实际的话题呢。但是，从这种危险状态里脱离出来的方法除了更好的教育以外别无他法。不仅如此，日本的危机也是从教育，特别是义务教育中所产生出来的。

《春宵十话》，冈洁 著

打动人心的冈洁的名言

以上这个说法是冈洁在 1963 年的发言，但是在现在的日本不是也依然有效吗！

冈洁留下了很多即使对于现代人也能感同身受的言论。和冈洁的数学的语言（定理或证明）一样，他的言论基于严密的观察、考察以及论证，里面拥有一些拉近读者心灵的东西。

冈洁在反复强调：数学虽然是理论的学问，但是在这个理论的根部存在的是"情绪"，因为人的心中存在情绪，所以如果情绪得不到教育的话，数学也就不能够理解。一直注视着数学和人类的冈洁，把他的情怀凝缩地表达了出来。

吉川英治[注42]的小说，我从很早以前就很爱读，可是我们直接认识是在1960年的秋天，我们一起接受文化勋章的时候。（中间文字省略）在此之后，仪式开始，向陛下行礼，池田先生给我颁发了奖章，接下来又由荒木先生帮我将勋章戴在了脖子上。都结束以后，我和陛下一起到一个单独的房间共进午餐。皇太子殿下和三笠宫大人也在座，当天的料理非常好吃。在饭后，我们又在别的房间一起喝咖啡，在这时候陛下对我问了个问题。可是我当时以为会见已经结束了，完全没有注意到陛下说了什么，只记得问题结尾的"……呀？"。当时是如何回答的，自己也忘记了。后来，我向荒木先生请教，荒木先生说我当时说的是"数学是由燃烧的生命创造出来的"。在那个时候，我正处于对于学问的独创性十分重视的时期，所以好像就把当时的想法原原本本地对陛下说了。而这句话得到吉川先生的垂青，据说他在之后自己的作品中的人物身上，也试图描写这种生命的燃烧。以此为契机，我便逐渐与吉川先生成了知己好友了。

《春宵十话》，冈洁 著

注42　吉川英治（1892—1962），本名吉川英次，日本小说家，主攻历史小说，以改编史书闻名。他当作家之前曾从事过多种不同的职业，在发表《鸣门秘帖》后正式成为畅销作家，从1935年开始连载其代表作《宫本武藏》，获得大众好评。他的读者层很广，有"日本国民作家"的称号。吉川英治的作品就像是一坛坛的陈年好酒，时间愈久，愈见醇香。

冈洁不是一个人，而是数学家团体？

冈洁在法国留学时，选择了"多变量解析函数"这个研究课题。这个超级难题确实因为其难度而有很高的研究价值，而冈洁在几年里也都没有能够抓到这个问题的本质。

我在 1932 年回国，到广岛大学就职。在决定研究课题以后的 4 年里，关于这个问题，我考虑了很多很多，但是对于如何着手去解决这个问题，我还是不太明白。在学校里面，对于我的评价也渐渐变坏了。因为我很少发表研究报告，也很少认真地去做讲义。还有一次甚至被学生罢课了。但是我无论如何也不愿意分散我对这个问题的注意力。

《冈洁——日本的心》，冈洁 著

冈洁于 1932 年成为广岛文理科大学助理教授，在 1935 年发现了"高空移行原理"。尽管如此，他还是在 1938 年他 37 岁的时候辞去大学职务，回到了故乡和歌山县伊都郡纪见村（现在的日本桥本市）。

他令人惊讶地成为了一名自由职业者，直到 49 岁为止，都在贫困拮据的生活中埋头进行数学研究。冈洁的不朽成就"不定域理想（Ideal）"的理论就是在这样的极度贫困中产生的。

冈洁一生留下了 10 篇论文，如果光看这个数字的话，即使在当时也是非常少的一个数字。但是，这些论文的内容却都是精彩绝伦的。这些论文的成就精彩到甚至让海外的数学家产生了"冈洁不是一个人，而是一个数学家团体的名字吧"这样的疑问。

卡尔·西格尔[注43]、安德烈·韦伊[注44]和埃利·约瑟夫·嘉当[注45]这些名声显赫的数学家都为了见到冈洁而来到了奈良。冈洁把自己所有的一切都注入到了数学里面，直到他52岁时，终于把研究课题的难题全都解决了。冈洁的"不定域理想"理论，与今天数学的主要概念之一——连续层概念的提出有着紧密的关系，可以说使数学的道路得到了大幅度的开拓。

冈洁长时间在几乎没有光芒普照的、黑暗的多变量解析函数世界里面，一个人不断挑战并带来光芒。他所带来的光芒，正是他所说的"燃烧自己生命"的意义。在他活跃的20世纪前半叶，整个世界普遍都有过这样的潮流，就是"知识巨人开创新的世界"。

数学界有亨利·庞加莱，物理学界有爱因斯坦。实际上，在这个时代日本也有人在阔步前行，冈洁正是其中的一位。我并没有想要说尽巨人冈洁的事迹，但只是通过一些片断，也能够唤起我们去重新思考，这是我想达到的目的。我们有将目光投向西方的倾向。但是，在此之前，我们更应该认真地来重新审视自己的国家的发展进程。

最后介绍一下冈洁关于教育的话语。注视着现代日本的冈洁在向我们诉说着什么呢？

注43　卡尔·西格尔（Carl Ludwig Siegel，1896—1981），德国数论家。他的研究范畴是数论、不定方程和天体力学。1978年，获沃尔夫数学奖。

注44　安德烈·韦伊（André Weil, 1906—1998），法国数学家，其主要成就有数个韦伊猜想和函数域的黎曼猜想等。

注45　埃利·约瑟夫·嘉当（Élie Joseph Cartan，1869—1951），法国数学家，法国科学院院士。他在李群理论及其几何应用方面奠定基础。他也对数学物理、微分几何、群论做出了重大贡献，是20世纪最伟大的数学家之一。

……如果说到建设学校的话，要考虑与校舍朝向相比，优美的景色应该更受到重视。但是，比什么都更重要的，应该是教师的心吧。如果日本发动强权，向孩子们强加上什么"受教育的义务"的话，那么根据"有作用力，就会有同样强度的反作用力"的力学法则，不是应该同时存在父母、兄弟姐妹、祖父母等监护者对教师心灵进行监视的自治权吗？至少在被高声宣扬"主权在民"的这种情况下，法律应该将这一点明确写入条文，不是吗？

现在的教育，变成以个人的幸福为目标。人生的目的变成了这样，再加上教育上的偷工减料，没有教授"道义"这个关键的东西，因此，当我们被叫去做什么的时候，真的可以简单地去执行。现在的日本教育正是这样做的。除此以外，就像训练小狗一样，只是教会不被主人讨厌的举止和能够吃上饭的技艺而已。但是，个人的幸福的局限性在于，它只是动物性的满足而已。出生以后 60 天左右的婴儿就已经具备了"看的眼"和"看得见的眼"两个眼睛，但是这个"看的眼"背后的主人是本能。人们每每错误地认为，这个本能就是自己。而关于这一点，在日本的过去，是大家共同认可的戒条。我想要对新来日本的人们提出质疑："对于这个国家的每一个国民身上的难以除掉的本能，你们要赋予什么基本人权吗？"我对于现在的教育实在是深感忧虑。

《春宵十话》，冈洁 著

后 记

据说发现"三平方定理"并且思考出音律的毕达哥拉斯说过，"万物的根源都是自然数"。这是接二连三地发现身边事物与数之间的关系的毕达哥拉斯才能说出的话吧。

在宇宙中被称作数的旋律的通奏低音，四处回响。但是，哪怕是像预言家一样的毕达哥拉斯，这种不断的发现也是由偶然的相遇而得来的。如果一切都是必然的话，那么数学将会是一个多么无趣的世界呀。

与此相反，就是因为偶然的相遇才有了这种兴奋。我们从生到这个世界上的时候开始，生命中就充满了这种偶然的相遇。通过这种相遇，人逐渐成长得高大强壮。

但是，数永远不会成长。"1"这个数字，一直，永远，从无限的过去开始，到无限的未来，都仍然是1。数独立于时间之外。从我们的眼光来看会觉得，数是超越时间的东西。

不可思议的是，我们逐渐明白，即使是这样的数，也是存在于数与数的关系之中的。我们逐渐知道，就像我们人类社会是由许许多多的人所构成的一样，数的世界也是由一个一个"数"的关系构成的。

对"数"来说，被人类发现或许是一个巨大的荣幸，因为还有和我们无关的数的世界。但是站在我们人类的角度来说，只是这么漠然地注视着数是断然不够的。

就像地球上有这么多的生物存在一样，数的世界里应该也还有很多我们不知道的数存在着。就像发现新物种时心潮起伏一样，我们发现新的数的时候也会大吃一惊。

不能认为我们与数的相会只是偶然的邂逅。

在本书中粉墨登场的自然数、有理数、无理数、虚数、黄金比、白银比、圆周率、纳皮尔数、葛立恒数，无论哪一个都是我们所发现的数。对于置身于时间河流的我们来说，与数的相会是花费了漫长时间而终于得到的结果。

数是在计算的旅程的终点站才能遇到的东西。接下来，再以这个数为起点站去开始新的旅程。通过这样的不断反复，数到数之间就慢慢被铺上了铁轨。

被称为数学的神秘列车之旅，直到今天还在继续着。前面将抵达的站，我们能够看得见；但是再往前面，道路会通向何方，谁也不知道。但是只要继续这个旅程，就一定会有新的相遇在等待我们。

希望在那个时候大家能一起去踏上新的旅程。

计算是旅程。

算式的列车在等式的轨道上奔驰。

旅行者的梦想。

追求浪漫的，没有终结的计算之旅。

寻找尚未见过的风景的旅行今天也在继续！

樱井进

2010 年 6 月

参 考 文 献

『記号理論入門』(前原昭二著 日本評論社)

『数学英語ワークブック』(マーシャ・ベンスッサン他著 丸善)

『数学版　これを英語で言えますか? 』(保江邦夫著　講談社)

『数学名言集』(ヴィルチェコン編　大竹出版)

『人に教えたくなる数学』(根上生也著　ソフトバンククリエイティブ)

『数学セミナー　フィールズ賞物語 』(日本評論社)

『万物の尺度を求めて 』(ケン・オールダー著　早川書房)

『アインシュタインの世界』(L・インフェルト著　講談社)

『雪月花の数学 』(桜井進著　祥伝社黄金文庫)

『ガウスが切り開いた道』(シモン・G・ギンディキン著　シュプリンガー・フェアラーク東京)

『超複素数入門—多元環へのアプローチ 』(浅野洋監訳　森北出版)

『集合・位相・測度 』(志賀浩二著　朝倉書店)

『無限の天才—夭折の数学者・ラマヌジャン 』(ロバート・カニーゲル著　工作舎)

『岡潔—日本のこころ 』(岡潔著　日本図書センター)

『春宵十話 』(岡潔著　毎日新聞社)

David Eugene Smith，A SOURCE BOOK IN MATHEMATICS，Dover Publications

樱井进其人和他的"数学娱乐"

（译者的话）

作为"科学领航员"的本书著者樱井进

　　樱井进（桜井進）1968 年 3 月 24 日出生于日本山形县东根市，毕业于东京工业大学大学理学部数学专业和研究生院的社会理工学研究科价值系统专业。目前他是东京工业大学世界文明中心研究员，株式会社樱井科学工厂（SakurAi Science Factory）的取缔役（即董事）。

　　还在大学求学阶段，樱井进就已经作为教师执掌教鞭，在有名的大学入学考试预科学校——早稻田塾和河合塾，向学生传授便于轻松愉快地理解数学和物理学的方法。他从 2000 年开始到日本各地讲演，展开"科学娱乐"（Science Entertainment）活动，通过讲述身边的事物中的数学和数学家波澜壮阔的人生等，来传达数学的精彩。

　　他从事科学写作（Science Writer）和科学制片人（Science Producer）等多种与科学普及有关的工作，因而被称为"科学的领航员"（Science Navigator）。他的科普著述甚丰，迄今已经有《花卉的数学》（雪月花の数学）、《感动数学》（感動する！数学）、《超印度式的樱井进的计算操练》（超インド式桜井進計算ドリル）、《江户的数学教科书》（江戸の数学教科書）、《天才所喜欢的美丽算式》（天才たちが愛した美しい数式）、《因数学而成为美人》（数学で美人になる）、《以数学探索宇宙》（数学で宇宙制覇）、《音乐与数学的交叉》（音楽と数学の交差）、《数学的真谛》（数学のリアル）等涉及数学、物理学，乃至历史、美术与音乐等人文领域的科普著作近 30 种。

樱井进充分利用最新的数字视频和音响系统，把大厅堂、教室、咖啡厅等任何空间转化为令人兴奋的直播大舞台，让公众感受超越电影的、从未体验过的惊异和"数学幻想"（Science Fantasy）的感动。

从 2000 年开始，他马不停蹄地去日本各地展开各种各样的"科学演讲"。他经常演讲的题目有"约翰·纳皮尔（John Napier 或 Neper，1550—1617）——对数诞生的故事"、"求索拉马努金（Srinivasa Aiyangar Ramanujan，1887—1920）——为印度女神所钟爱的天才数学家"、"花卉的数学——构筑日本之美与心的白银比"、"圆周率 π 的世界——人类求索四千年的奇异之数"、"费马（Pierre de Fermat，1601—1665）的十字架——日本的数学家谷山丰（1927—1958）为之破解"、"黎曼（Georg Friedrich Bernhard Riemann，1826—1866）猜想"、"数字世界的大冒险——身边的数学"，等等。

除科学演讲之外，樱井进还积极参与日本各地电视台与科学普及有关的节目，如东京电视台的综艺节目《たけしの誰でもピカソ》（北野武的毕加索）、富士电视台于国际物理年推出的有关爱因斯坦的节目等，并参与报纸、杂志有关数学话题的新闻采访报道，如东京新闻的《算额奉纳》记事、山形新闻晚报文化版的《由数与形解读日本与西洋的美意识》记事，等等。

由此可知，樱井进不是传统意义上的科普作家，他不仅使用平面媒体，而且更注重视频和音频媒体以及网络技术，利用电视、广播、演讲、互联网等多种手段，全方位、多角度展开科学娱乐活动，他把自己定位为"科学领航员"是当之无愧的。他所首创的"数学娱乐"在日本全国引起强烈反响，得到电视、报纸、杂志等媒体的广泛关注。他激动人心的现场秀，使得从小学生到老人，都可以乐在其中，并且改变他们的世界观，从而得到世人的广泛好评。

"数学娱乐"的代表之作

数学本是一门非常有趣的学问，但是事实上有很多学生不喜欢它。樱井进在学生时代担任私塾老师之时就已经深切地感受到这一点了。对此，我想中国的广大学生朋友们也是深有同感。为什么会出现这一情况呢？樱井进认为是学校教育的教学理念上存在着深刻的问题。比如，讲数学，只是把它当作工程计算的工具，而不去教授数学的历史、文化背景和现实应用的场景。学生们不能领会数学的艺术层面的美，不能享受从事数学活动本身所带来的乐趣，更不知道数学究竟能解决什么问题，而只把数学当成应付考试的科目来对付。以上这些就是学生厌弃数学的主要原因。

为了改变这种情况，樱井进一直不遗余力地开展"数学娱乐"活动。而本书正是这一活动的结晶，是樱井进"数学娱乐"的代表作。

本书由"有趣得让人睡不着的数学"、"生活中无所不在的数学"和"数学之罗曼蒂克"三部分组成。每一部分由10个左右独立成篇的科学小品构成，每篇一个主题，或讲数学的历史，或讲数学的文化，或讲数学的艺术与美术，或讲数学家奋斗的故事，尤其是日本的"和算"和日本数学家冈洁的故事等，给人以耳目一新之感。

本书是怎样来表达如此丰富的主题和内容的呢？樱井进在本书的前言里做了生动的、散文诗般的描述：数学有趣的地方真是无处不在。就在我们不经意之处，数字表现着美，演奏着和谐的旋律，它简直就像荒野中盛开的一束鲜花那样美丽。一旦我们看到数字所演绎的优雅舞蹈，听到那流淌的和谐优美的旋律，一瞬间我们的心灵就会被它们所俘虏吧。

樱井进认为数学就是旅程。算式的列车在"＝（等号）"这个轨道上飞奔。"＝（等号）"就像两根铁轨，数字和算式被铁轨连接在一起。这些铁路被铺好以后，谁都可以通过，它们会永远保持着不朽的生命。这就是樱井进对数学的印象。

樱井进说：精挑细选的数学风景就散落在这本书里。如果我们想踏上计算的旅行，只要拥有一颗认真看待数字的心就可以了。有了这颗心，无论何时何地，我这个科学向导都可以带你走入数学之旅。

我想，大家跟随着樱井进的笔触，搭上"数字列车"，观赏两边的"数字风景"，在完成这趟旅程之后，就一定会对"数学之美"、"数学的感动"、"数学的真谛"有所领略和感悟。

笔者眼中的本书

本书所提到的数学史的内容，可以说都是数学史上最精彩的篇章；本书所介绍的一些概念，也包含一些数学或物理尖端领域的概念和成果。

首先，书中重点罗列了众多数学在现实生活中的应用场景，让读者理解数学在生活中所发挥的巨大作用。比如：根号就在樱花的花瓣里；因式分解就在信用卡里；黄金分割就在复印纸之中；还有，无限就在圆中隐藏。

尤其令人印象深刻的是，书中简要介绍了葛立恒数的概念，甚至也提到了弦理论。这样的概念，在我们的普通的教科书上较少涉及。通过了解并亲近这些有趣而又引人入胜的科学概念，可以极大地培养我们的青少年对于数学、物理的兴趣，从而真正和科学成为朋友。

同时本书中也交织穿插了许多数学史上的大事件或是逸闻趣事，比如德国的高斯、瑞士的欧拉，或者古希腊的毕达哥拉斯学派的故事，等等，让年轻朋友可以对著名的数学家和数学事件有一个大致的印象。

书中对于科学家攻克数学难关的过程和数学家本身的人生也有相当多的介绍。通过阅读这些故事，学生们可以看到抽象的公式背后所隐藏的一个个有血有肉的数学家的人生，可以看到抽象的公式背后所包含的数学家所付出的时间、劳动和汗水。这样可以更加有助于让学习数学的朋友理解书本上一个个公式所包含的真正意义。

最可贵的是，书中提出了许多对于数学教育、数学学习的作者独有的观点和建议。例如作者希望能够对于数学公式的念法进行改革，直接引进英语读法。这部分原文虽然由于中日在数学公式读音的差异在译文中没有采用，但是作者这种对于数学教育的全新思考方式，对我们来说也是值得思考和借鉴的。

此外，作者对于日本数学教育的表示出的担忧和指出的教育中存在的问题，其实令我们中国的读者也感同身受。

总之，阅读本书可以让我们的青少年朋友拓宽眼界，了解到数学界的历史、现状和未来的发展趋势，从而在学习数学的时候更加易于理解，拉近与数学的距离和关系。这些都是笔者在翻译本书的过程中所最为感动的内容。

关于本书的翻译

本书是一种科学文化随笔体裁，言简意赅，内涵十分丰富。

正如作者所说的，"精心挑选的数学风景就散落在这本书里"，这里所说的"数学风景"涵盖了历史、文化、教育、艺术乃至生活等各个领域的方方面面，日本传统文化的东西尤其多。对于这些内容，作者都以一种犹如乘车观光的视角叙述，往往是画龙点睛地描绘，点到为止，并不展开。这样，本书出现很多普通读者可能所不熟悉的专业词汇，这些词汇不仅是数学的，而且是上述各个领域的，如果能够给予适当注释，肯定会对于读者理解本书内容，有所裨益，有所帮助。

为此，笔者给本书编写了若干注释，以人物、历史、文化艺术、数学史料等为主，数学专业词汇虽也有涉及，但只以辅助说明解释原文为限，不深入数学的实际内容。我们加注的目的，是想向读者提供本书涉及内容的相关背景资料，仅此而已。注释的编写参考了维基百科、互动百科、百度百科等资料。

笔者在翻译本书时尽量做到"忠实原文，准确翻译"，在保证语言通顺的情况下，基本采取直译方法，保持原书风貌。只在原文语句过长、句子结构过于复杂情况下，才做适当调整。尽管自己非常尽心尽力，但是由于水平所限，疏漏乃至错误在所难免，敬请广大读者指正。

笔者自 2005 年赴日本从事软件开发工作，已近 8 年，在学习日本文化、融入日本社会方面，做了不懈的努力。今天有机会承担此书的翻译，为沟通中日两国科技文化的交流尽绵薄之力，感到无限欣慰。在此向本书的作者樱井进先生表示敬意。

陈晓丹

2012 年 5 月 15 日于日本东京